Wissenschaftliche Taschenbücher WTB

Mathematik · Physik

Ferdinand Cap

Einführung in die Plasmaphysik III

Akademie-Verlag · Berlin
Pergamon Press · Oxford
Vieweg + Sohn · Braunschweig

WTB Wissenschaftliche Taschenbücher

ROLF BORSDORF / MANFRED SCHOLZ
Spektroskopische Methoden in der organischen Chemie

WERNER HABERDITZL
Magnetochemie

GERHARD HEBER
Mathematische Hilfsmittel der Physik, Teil I und II

A. A. SOKOLOW
Elementarteilchen

HEINZ AHRENS
Varianzanalyse

HANS-JÜRGEN TREDER
Relativität und Kosmos
Raum und Zeit in der Physik, Astronomie und Kosmologie

ALBERT EINSTEIN
Grundzüge der Relativitätstheorie

ALBERT EINSTEIN
Über die spezielle und die allgemeine Relativitätstheorie

GÜNTHER LUDWIG
Wellenmechanik. Einführung und Originaltexte

HARRY PAUL
Lasertheorie, Teil I und II

FRANZ RUDOLF KESSLER
Einführung in die physikalischen Grundlagen der Kernenergiegewinnung

EBERHARD TEUSCHER
Pharmakognosie, Teil I und II

D. TER HAAR
Quantentheorie. Einführung und Originaltexte

J. H. SANDERS
Die Lichtgeschwindigkeit. Einführung und Originaltexte

JEAN KUNTZMANN
Unendliche Reihen
Mathematische Hilfsmittel der Physik und Chemie
Mit 94 Übungen und 29 Aufgaben

JEAN KUNTZMANN
Systeme von Differentialgleichungen
Mathematische Hilfsmittel der Physik und Chemie
Mit 88 Übungen und 40 Aufgaben

JEAN KUNTZMANN
Komplexe Veränderliche
Mathematische Hilfsmittel der Physik und Chemie
Mit 90 Übungen und 37 Aufgaben

FERDINAND CAP
Einführung in die Plasmaphysik
I. Theoretische Grundlagen

FERDINAND CAP
Einführung in die Plasmaphysik
II. Wellen und Instabilitäten

FERDINAND CAP
Einführung in die Plasmaphysik
III. Magnetohydrodynamik

J. A. ROSANOW
Wahrscheinlichkeitstheorie

HARRY PFEIFER
Theorie linearer Bauelemente
Elektronik für den Physiker I

HARRY PFEIFER
Die Elektronenröhre
Elektronik für den Physiker II

HARRY PFEIFER
Schaltungen mit Elektronenröhren
Elektronik für den Physiker III

HARRY PFEIFER
Leitungen und Antennen
Elektronik für den Physiker IV

HARRY PFEIFER
Mikrowellenelektronik
Elektronik für den Physiker V

HARRY PFEIFER
Halbleiterelektronik
Elektronik für den Physiker VI

SIEGFRIED HAUPTMANN
Über den Ablauf organisch-chemischer Reaktionen

GERHARD HÜBNER / KLAUS JUNG / ECKART WINKLER
Die Rolle des Wassers in biologischen Systemen

STEPHEN G. BRUSH
Kinetische Theorie, Teil I und II
Einführung und Originaltexte

EBERHARD HOFMANN
Eiweiße und Nucleinsäuren als biologische Makromoleküle
Dynamische Biochemie, Teil I

EBERHARD HOFMANN
Enzyme und energieliefernde Stoffwechselreaktionen
Dynamische Biochemie, Teil II

EBERHARD HOFMANN
Intermediärstoffwechsel
Dynamische Biochemie, Teil III

EBERHARD HOFMANN
Grundlagen der Molekularbiologie und Regulation des Zellstoffwechsels
Dynamische Biochemie, Teil IV

HERBERT GOERING
Elementare Methoden zur Lösung von Differentialgleichungsproblemen

PETER KRUMBIEGEL
Isotopieeffekte

D. M. BRINK
Kernkräfte. Einführung und Originaltexte

DIETER ONKEN
Steroide
Zur Chemie und Anwendung

HEINZ GEILER
Ökologie der Land- und Süßwassertiere

ARTHUR P. CRACKNELL
Angewandte Gruppentheorie. Einführung und Originaltexte

DIETER KLAUA
Elementare Axiome der Mengenlehre

GÜNTHER TEMBROCK
Grundlagen der Tierpsychologie

J. F. VINSON
Optische Kohärenz in der klassischen Theorie und in der Quantentheorie

W. R. HINDMARSH
Atomspektren. Einführung und Originaltexte

GEORG DAUTCOURT
Relativistische Astrophysik

GÜNTER TEMBROCK
Biokommunikation
Informationsübertragung im biologischen Bereich
Teil I und II

ADOLF ZSCHUNKE
Kernmagnetische Resonanzspektroskopie in der organischen Chemie

DIETER MERKEL
Riechstoffe

JOHN CUNNINGHAM
Vektoren

Vorschau auf die nächsten Bände:

MICHAEL GÖSSEL
Angewandte Automatentheorie
I. Grundbegriffe

ERNST SCHMUTZER
Symmetrien und Erhaltungssätze der Physik

WTB

BAND 74

Ferdinand Cap

Einführung in die Plasmaphysik

III. Magnetohydrodynamik

Mit 22 Abbildungen und 4 Tabellen

AKADEMIE-VERLAG · BERLIN

PERGAMON PRESS · OXFORD

VIEWEG + SOHN · BRAUNSCHWEIG

Reihe MATHEMATIK UND PHYSIK

Herausgeber:
Prof. Dr. rer. nat. habil. G. Heber, Dresden
Prof. Dr. phil. habil. W. Holzmüller, Leipzig
Prof. Dr. phil. habil. A. Lösche, Leipzig
Prof. Dr phil. habil. H. Reichardt, Berlin
Prof. Dr. phil. habil. K. Schröder, Berlin
Prof. Dr. phil. habil. K. Schröter, Berlin
Prof. Dr rer nat. habil. H.-J. Treder, Potsdam

Verantwortlicher Herausgeber dieses Bandes:
Prof. Dr. A. Lösche

Verfasser:
Professor Dr. Ferdinand Cap

Universität Innsbruck

ISBN 3 528 0**6074** 3

1972

Lizenznummer: 202 · 100/491/72
Satz und Druck: VEB Druckhaus „Maxim Gorki", 74 Altenburg
Bestellnummer: Akademie-Verlag 761 548 3 (7074) ES 18 B 7, 18 B 1
Pergamon Press 08 017281 4
Vieweg + Sohn 6074
Printed in German Democratic Republic

Inhaltsverzeichnis

§ 1. Die Grundgleichungen und ihre Randbedingungen

1.1. Kontinuitätsgleichung und Strömungsgleichung

Unter *Magnetohydrodynamik* (MHD) versteht man jenes Teilgebiet der Plasmaphysik, in dem man das Plasma als kontinuierliches Medium ansehen kann, auf das die Strömungslehre anwendbar ist. Die Voraussetzungen, die ein Plasma erfüllen muß, damit man die MHD anwenden kann, wurden in den §§ 2.5 und 6.5 des ersten Bandes ausführlich besprochen.

Die im ersten Band aus der statistischen Theorie abgeleiteten MHD-Grundgleichungen können auch ad hoc aus geeigneten Ansätzen und Bilanzüberlegungen (Massenerhaltung, Impulserhaltung) abgeleitet werden [1]. Wir übernehmen jedoch aus Platzmangel die Gleichungen aus dem ersten Band.

Nach Band I, (6.7), S. 143 lautet die *Kontinuitätsgleichung* (ϱ = Plasmadichte, $\boldsymbol{v}$ = Strömungsgeschwindigkeit)

$$\frac{\partial \varrho}{\partial t} + \operatorname{div}(\varrho \boldsymbol{v}) = 0 = \frac{\mathrm{d}\varrho}{\mathrm{d}t} + \varrho \operatorname{div} \boldsymbol{v}. \tag{1.1}$$

Aus der Impulserhaltung erhält man die *Strömungsgleichung* in der Form nach EULER (vgl. Band I, (6.14), S. 145) im praktischen Maßsystem

$$\varrho \frac{\mathrm{d}\boldsymbol{v}}{\mathrm{d}t} \equiv \varrho \left(\frac{\partial \boldsymbol{v}}{\partial t} + (\boldsymbol{v}\nabla)\, \boldsymbol{v} \right) = [\boldsymbol{j} \times \boldsymbol{B}] - \nabla p \tag{1.2}$$

oder — bei Berücksichtigung der Viskosität — in der

Form nach STOKES-NAVIER (vgl. Band I, (6.29), S. 151)

$$\varrho\left(\frac{\partial \boldsymbol{v}}{\partial t} + (\boldsymbol{v}\nabla)\,\boldsymbol{v}\right) = [\boldsymbol{j}\times\boldsymbol{B}] - \nabla p + \eta\Delta\boldsymbol{v}$$

$$+\left(\eta' + \frac{\eta}{3}\right)\text{grad div}\,\boldsymbol{v} = 0; \tag{1.3}$$

p ist der Druck, η und η' sind die Viskositätskoeffizienten, $\boldsymbol{B}$ das Magnetfeld, $\boldsymbol{j}$ die Stromdichte.

Wie die Praxis zeigt, kann man den letzten Term meist vernachlässigen; η' ist Null (einatomige Gase) oder klein und das Produkt $\eta\cdot\text{grad div}\,\boldsymbol{v}$ kann meist als von zweiter Ordnung klein vernachlässigt werden.

Führt man nach Band I, (6.56), S. 159 dimensionslose Größen ein, so erhält man

$$\frac{\partial\bar{\varrho}}{\partial t} + \bar{\nabla}(\bar{\varrho}\bar{\boldsymbol{v}}) = 0, \tag{1.4}$$

$$\bar{\varrho}\,\frac{\mathrm{d}\bar{\boldsymbol{v}}}{\mathrm{d}t} = -\frac{1}{\gamma_0 M_0^2}\,\bar{\nabla}\bar{p} + \frac{1}{Re}\,\bar{\Delta}\bar{\boldsymbol{v}} + A_0^2\left[\overline{\text{rot}}\,\bar{\boldsymbol{B}}\times\bar{\boldsymbol{B}}\right], \tag{1.5}$$

wobei $\bar{\varrho} = \varrho/\varrho_0$, $\bar{p} = p/p_0$, $\bar{\nabla} = \partial/\partial\bar{x}_k$, $\bar{x}_k = x_k/l$; die mit dem Index 0 versehenen Größen sind geeignet gewählte Bezugswerte, z. B. Anfangswerte. l ist eine charakteristische Länge, z. B. die Kanallänge.

Weiter gilt

$$\gamma_0 = \frac{c_{p0}}{c_{v0}}, \qquad a_0^2 = \frac{\gamma_0 p_0}{\varrho_0} \quad \text{(Schallgeschwindigkeit)}. \tag{1.6}$$

Die MACH-*Zahl* ist durch

$$M_0 = \frac{v_0}{a_0}, \tag{1.7}$$

die ALFVÉN-*Zahl* durch (c_A vgl. Band I, (4.54))

$$A_0 = \frac{B_0}{v_0}\sqrt{\frac{1}{\mu_0\varrho_0}} = \frac{c_A}{v_0} \tag{1.8}$$

und die REYNOLDS-*Zahl* durch

$$Re = \frac{\varrho_0 v_0 l}{\eta} \tag{1.9}$$

gegeben. $\left(\text{Manchmal wird } \frac{v_0}{c_A}\right.$ als ALFVÉN-Zahl (oder ALFVÉNsche MACH-Zahl) definiert, dann ist in den Gleichungen A durch A^{-1} zu ersetzen.$\left.\right)$ $\boldsymbol{j}$ wurde mit Hilfe der MAXWELL-*Gleichungen* (§ 1.2) durch $\boldsymbol{B}$ ausgedrückt. Bei endlicher elektrischer Leitfähigkeit σ (*reale* MHD) ist es jedoch manchmal besser, $\boldsymbol{j}$ nicht zu eliminieren und $\boldsymbol{j}$ und $\boldsymbol{E}$ als eigene Variable beizubehalten. Man spricht dann auch manchmal von *Elektromagnetohydrodynamik* [2].

Der Name „*Hydrodynamik*" (oder *Aerodynamik*) ist eigentlich nur für inkompressible Medien üblich. Wenn $\operatorname{div} \boldsymbol{v} \neq 0$, wenn also Kompressibilitätseffekte eine Rolle spielen (bei Luft für $v > 50$ m/sec), sollte man daher besser von *Magnetogasdynamik* bzw. *Elektromagnetogasdynamik* sprechen.

1.2. Die elektromagnetischen Gleichungen

Durch den die LORENTZ-*Kraft* beschreibenden Term $[\boldsymbol{j} \times \boldsymbol{B}]$ sind die elektromagnetischen Gleichungen (MAXWELL-*Gleichungen*) mit den Gleichungen der Strömungslehre gekoppelt. Umgekehrt tritt auch die Strömungsgeschwindigkeit $\boldsymbol{v}$ in den elektromagnetischen Gleichungen auf. So zeigten wir im Band I (S. 156), daß das OHM*sche Gesetz* in der MHD in der Form

$$\boldsymbol{j} = \sigma(\boldsymbol{E} + [\boldsymbol{v} \times \boldsymbol{B}]) - \frac{\omega_L \tau}{B} [\boldsymbol{j} \times \boldsymbol{B}] \tag{1.10}$$

geschrieben wird. $\left(\omega_L\right.$ ist die LARMOR-*Frequenz*, $\frac{1}{\tau}$ die *Stoßfrequenz*, $\omega_L \tau$ heißt HALL-*Parameter*, vgl. Band I, S. 176.$\left.\right)$

Die Stromdichte $\boldsymbol{j}$ tritt auch in den MAXWELL-*Gleichungen* auf:

$$\operatorname{rot} \boldsymbol{E} = -\frac{\partial \boldsymbol{B}}{\partial t}, \tag{1.11}$$

$$\operatorname{div} \boldsymbol{B} = 0, \tag{1.12}$$

$$\operatorname{rot} \boldsymbol{B} = \mu_0 \boldsymbol{j}, \tag{1.13}$$

$$\operatorname{div} \boldsymbol{E} = 0. \tag{1.14}$$

Der Verschiebungsstrom wurde hierbei aus den im Band I, S. 12, 154 genannten Gründen vernachlässigt. (Dies gilt auch für die Elektromagnetogasdynamik!)

Eliminiert man $\boldsymbol{E}$ und $\boldsymbol{j}$ aus den elektromagnetischen Gleichungen, so erhält man (vgl. Band I, S. 156) die *Induktionsgleichung*

$$-\frac{\partial \boldsymbol{B}}{\partial t} = \frac{1}{\mu_0} \operatorname{rot} \frac{1}{\sigma} \operatorname{rot} \boldsymbol{B} - \operatorname{rot}[\boldsymbol{v} \times \boldsymbol{B}] + \frac{e\tau}{m\mu_0} \operatorname{rot} \frac{1}{\sigma} [\operatorname{rot} \boldsymbol{B} \times \boldsymbol{B}], \tag{1.15}$$

die für konstantes σ und $\omega_L \tau \approx 0$ in

$$\frac{\partial \boldsymbol{B}}{\partial t} = \operatorname{rot}[\boldsymbol{v} \times \boldsymbol{B}] + \frac{1}{\mu_0 \sigma} \Delta \boldsymbol{B} \tag{1.16}$$

oder $$\frac{\partial \boldsymbol{B}}{\partial t} + (\boldsymbol{v}\nabla)\boldsymbol{B} + \boldsymbol{B} \operatorname{div} \boldsymbol{v} - (\boldsymbol{B}\nabla)\boldsymbol{v} = \frac{1}{\mu_0 \sigma} \Delta \boldsymbol{B}$$

übergeht. Für $\sigma = \infty$ (ideale MHD) folgt schließlich

$$\frac{\partial \boldsymbol{B}}{\partial t} = \operatorname{rot}[\boldsymbol{v} \times \boldsymbol{B}]. \tag{1.17}$$

Führt man wieder dimensionslose Größen ein, so erhält man (Band I, S. 160) für konstantes σ

$$\frac{\partial \overline{\boldsymbol{B}}}{\partial t} = \overline{\operatorname{rot}}[\overline{\boldsymbol{v}} \times \overline{\boldsymbol{B}}] - \frac{1}{Rm}(\overline{\operatorname{rot}}\,\overline{\operatorname{rot}}\,\overline{\boldsymbol{B}} - \omega\tau\, \overline{\operatorname{rot}}[\overline{\operatorname{rot}}\overline{\boldsymbol{B}} \times \overline{\boldsymbol{B}}]), \tag{1.18}$$

wobei die *magnetische* REYNOLDS-*Zahl* durch

$$Rm = \mu_0 \sigma v_0 l \tag{1.19}$$

gegeben ist. $\bar{B} = B/B_0$.

Bisher haben wir die Variablen ϱ, $\boldsymbol{v}$, $\boldsymbol{B}$, p, also 8 skalare Größen, eingeführt. Es stehen uns jedoch nur die Gleichungen (1.4), (1.5) und (1.6), also 7 skalare Gleichungen, zur Verfügung. Zustandsgleichung oder Energiesatz liefern die noch fehlende Gleichung.

1.3. Energiesatz und Zustandsgleichung

Die letzte unsere Variablen verknüpfende Gleichung könnte z. B. die *Zustandsgleichung* sein:

$$p = nkT = \varrho \frac{RT}{M} \quad \text{oder} \quad \bar{p} = \bar{\varrho}\bar{T} \tag{1.20}$$

(vgl. Band I, S. 158).

Mit dieser Gleichung führt man jedoch die Temperatur T als zusätzliche Variable ein, so daß man eine weitere Gleichung benötigt. (1.20) wird man also nur dann verwenden, wenn man sowieso eine weitere Gleichung benötigt. Dies ist bei realen Plasmen, die Viskosität, elektrischen Widerstand und Wärmeleitung zeigen, der Fall. Für ein solches Plasma lautet bei $\eta' = 0$, konstanter *Wärmeleitfähigkeit* $\varkappa$ und konstantem η der *Energiesatz* (vgl. Band I, S. 152)

$$\begin{aligned} &\frac{\partial}{\partial t}\left(\varrho U + \frac{\varrho v^2}{2}\right) + \nabla\left(\varrho U + \frac{\varrho v^2}{2}\right) \cdot \boldsymbol{v} \\ &= \varkappa \Delta T + \boldsymbol{jE} - p \operatorname{div} \boldsymbol{v} - (\boldsymbol{v}\nabla)p + \frac{2}{3}\eta (\operatorname{div} \boldsymbol{v})^2 \\ &\quad + \eta \left\{ \sum_{i,k} \left(\frac{\partial v_i}{\partial x_k} + \frac{\partial v_k}{\partial x_i}\right)\left(\frac{\partial v_i}{\partial x_k}\right) - \frac{1}{3}(\boldsymbol{v}\nabla) \operatorname{div} \boldsymbol{v} - \boldsymbol{v} \Delta \boldsymbol{v} \right\}. \end{aligned} \tag{1.21}$$

U ist die innere Energie, die man aus

$$U = c_v T \tag{1.22}$$

berechnet (vgl. Band I, S. 147).

Es stehen nun 10 skalare Gleichungen für die 10 Variablen ϱ, $\boldsymbol{v}$, $\boldsymbol{B}$, p, U, T zur Verfügung. Das *Grundproblem der Magnetogasdynamik realer Plasmen* ist die Lösung dieser 10 zum Teil nichtlinearen partiellen Differentialgleichungen.

In dimensionsloser Form lautet der Energiesatz

$$\bar{\varrho}\bar{c}_v \frac{\mathrm{d}\bar{T}}{\mathrm{d}\bar{t}} = -(\gamma_0 - 1)\,\bar{p}\bar{\nabla}\bar{\boldsymbol{v}} - \frac{\gamma_0(\gamma_0 - 1)}{Re} M_0^2 \bar{\Phi} + \frac{\gamma_0 \bar{\varkappa}}{Pe} \bar{\Delta}\bar{T}$$

$$+ \frac{\gamma_0(\gamma_0 - 1)}{Rm} A_0^2 M_0^2 (\overline{\mathrm{rot}}\,\bar{\boldsymbol{B}})^2. \tag{1.23}$$

Φ ist die *Dissipationsfunktion*, vgl. Band I, (6.35), S. 153, die angibt, wieviel Wärme pro cm^3 und pro Sekunde durch die Reibungskräfte erzeugt wird. In der Form (1.23) wurde die mechanische Energie abgezogen, vgl. Band I, S. 152.

Pe heißt PÉCLET-*Zahl* und ist durch

$$Pe = Re \cdot Pr = \frac{\varrho_0 v_0 l}{\eta} \cdot \frac{c_{p0}\eta_0}{\varkappa_0} \tag{1.24}$$

gegeben. Pr heißt PRANDTL-*Zahl.*

Für ein *ideales Plasma* lassen sich die Gleichungen vereinfachen. Für $\sigma = \infty$ gilt $\boldsymbol{j} \cdot \boldsymbol{E} = 0$, und mit $\varkappa = 0$ (keine Wärmeleitung) und mit $\eta = 0$ (keine Viskosität) erhält man nämlich (Band I, S. 153) aus (1.20), (1.21), (1.22) eine einzige Gleichung, nämlich die *Adiabatengleichung*

$$p\varrho^{-\frac{c_p}{c_v}} = p_0\varrho_0^{-\frac{c_p}{c_v}} = \mathrm{const}; \quad \bar{p}\bar{\varrho}^{-\frac{c_p}{c_v}} = \overline{\mathrm{const}}; \quad \gamma = \frac{c_p}{c_v}. \tag{1.25}$$

(Der Index 0 bezeichnet einen beliebigen Bezugszustand, z. B. den Anfangs- oder den *Ruhzustand.*)
Die Variablen T und U tauchen nicht mehr auf und es sind nur 8 Gleichungen zu lösen.

Die Gleichungen (1.1), (1.2), (1.17) und (1.25) beschreiben die MHD eines idealen Plasmas (*ideale MHD*); man nennt sie auch die LUNDQUIST-*Gleichungen* [2].

Wenn der Lichtdruck (*Strahlungsdruck*) nicht vernachlässigt werden darf, treten in Energiesatz und Strömungsgleichung noch zusätzliche Terme auf [3].

1.4. Die Randbedingungen

Damit die MHD-Gleichungen gelöst werden können, müssen *Randbedingungen,* z. B. an der Grenzfläche des Plasmas zum Vakuum, angegeben werden. Für die elektromagnetischen Größen sind die bekannten Bedingungen der MAXWELL-*Theorie* zu verwenden:

Stetigkeit der Tangentialkomponenten

$$E_{t1} = E_{t2}, \tag{1.26}$$

wobei sich die Indizes 1 und 2 auf die beiden Seiten der Grenzfläche beziehen.

Für ein bewegtes Medium ist das elektrische Feld $\boldsymbol{E}^*$ nach Band I, (6.45), S. 155, durch

$$\boldsymbol{E}^* = \boldsymbol{E} + [\boldsymbol{v} \times \boldsymbol{B}] \tag{1.27}$$

gegeben. Es gilt daher als Randbedingung

$$(\boldsymbol{E} + [\boldsymbol{v} \times \boldsymbol{B}])_{t1} = (\boldsymbol{E} + [\boldsymbol{v} \times \boldsymbol{B}])_{t2}. \tag{1.28}$$

Für die Stromdichte folgt aus der Erhaltung der elektrischen Ladung die Bedingung

$$j_{n1} = j_{n2}. \tag{1.29}$$

Stetigkeit der Normalkomponente

$$B_{n1} = B_{n2}. \tag{1.30}$$

Für die hydrodynamischen Größen sind die Randbedingungen der Strömungslehre zu nehmen:

Wandbedingung

$$v_n = 0 \tag{1.31}$$

(da in eine feste Wand ein strömendes Medium nicht eindringen kann). Ist das Medium viskos, so kommt es an einer festen Wand zur Adhäsion (Ausbildung einer Grenzschicht), und es gilt die

Haftbedingung

$$v_t = 0. \tag{1.32}$$

Für *freie Oberflächen* muß gelten, daß der Druck in der Flüssigkeitsoberfläche gleich dem Umgebungsdruck ist:

$$p_{\text{Obfl.}} = p_{\text{Umgebung}}. \tag{1.33}$$

Aus den Grundgleichungen (z. B. Bernoulli-Gleichung, s. § 2) folgen daraus Bedingungen für ϱ bzw. $\boldsymbol{v}$.

§ 2. Allgemeine Theoreme der MHD

2.1. Das Theorem von Crocco *in der Plasmaphysik*

So wie in der Strömungslehre nicht leitender Medien kann man auch in der MHD einige allgemeine Theoreme ableiten. In der Gasdynamik verknüpft das *Theorem von* Crocco die örtliche *Wirbelstärke* $\boldsymbol{W}$ (lokale Wirbelung),

$$\boldsymbol{W} = \frac{1}{2} \operatorname{rot} \boldsymbol{v} \tag{2.1}$$

($\boldsymbol{v}$ ist wieder die Strömungsgeschwindigkeit), mit der Entropie S. Ein analoges Theorem läßt sich in der MHD ableiten [4].

Wenn man die Bewegungsgleichung skalar mit $\boldsymbol{v}$ multipliziert, so erhält man bekanntlich den mechanischen Energiesatz. Um alle denkbaren Fälle zu erfassen, berücksichtigen wir auch die Schwerkraft $-\varrho\nabla V$ (V *Gravitationspotential*) und schreiben für die *Reibungskräfte* $\boldsymbol{R}$. Nach skalarer Multiplikation mit $\boldsymbol{v}$ erhält man dann aus (1.3) den *mechanischen Energiesatz*

$$\varrho\frac{\mathrm{d}}{\mathrm{d}t}\frac{v^2}{2} = \boldsymbol{v}[\boldsymbol{j}\times\boldsymbol{B}] - \boldsymbol{v}\nabla p - \boldsymbol{v}\varrho\nabla V + \boldsymbol{v}\boldsymbol{R}. \tag{2.2}$$

Zieht man diese mechanische Leistung von der gesamten Leistung, also von (1.21) ergänzt durch $-\varrho\nabla V$, ab, so ergibt sich unter mehrfacher Verwendung von (1.1) und wegen der verschwindenden Leistung der LORENTZ-*Kraft*, d. h. wegen $\boldsymbol{v}[\boldsymbol{j}\times\boldsymbol{B}] = 0$

$$\varrho\frac{\mathrm{d}U}{\mathrm{d}t} - p\frac{1}{\varrho}\frac{\mathrm{d}\varrho}{\mathrm{d}t} = \varkappa\Delta T + \boldsymbol{j}\boldsymbol{E} + \Phi \equiv \varrho\frac{\delta Q}{\mathrm{d}t}, \tag{2.3}$$

also der *erste Hauptsatz der Wärmelehre*, vgl. Band I, S. 152. Definiert man nun durch

$$T\,\mathrm{d}S = \delta Q \tag{2.4}$$

die *Entropie* S, so kann man (2.3) auch in der Form

$$\mathrm{d}U + p\,\mathrm{d}\frac{1}{\varrho} = T\,\mathrm{d}S \tag{2.5}$$

oder

$$\nabla U + p\nabla\frac{1}{\varrho} = T\nabla S \tag{2.6}$$

schreiben [4]. Mit Hilfe der bekannten Identität

$$(\boldsymbol{v}\nabla)\,\boldsymbol{v} = \nabla\frac{v^2}{2} - [\boldsymbol{v}\times\operatorname{rot}\boldsymbol{v}] \tag{2.7}$$

erhält man nun aus der mit der Schwerkraft ergänzten Strömungsgleichung (1.3) den Ausdruck

$$\frac{\partial \boldsymbol{v}}{\partial t} + \nabla \frac{v^2}{2} - [\boldsymbol{v} \times \operatorname{rot} \boldsymbol{v}] = \frac{1}{\varrho} [\boldsymbol{j} \times \boldsymbol{B}] - \frac{\nabla p}{\varrho} - \nabla V + \frac{1}{\varrho} R. \tag{2.8}$$

Addiert man dies zu (2.6), so erhält man mit Hilfe der Definition der *erweiterten Enthalpie*

$$H = U + \frac{p}{\varrho} + V + \frac{v^2}{2} \tag{2.9}$$

den *Satz von* CROCCO *in der* MHD

$$\frac{\partial \boldsymbol{v}}{\partial t} + \nabla H - [\boldsymbol{v} \times \operatorname{rot} \boldsymbol{v}] - \frac{1}{\varrho} [\boldsymbol{j} \times \boldsymbol{B}] - \frac{\boldsymbol{R}}{\varrho} = T \nabla S. \tag{2.10}$$

So wie in der Gasdynamik verknüpft dieser Satz Entropiegradienten mit der lokalen Wirbelung $\frac{1}{2} \operatorname{rot} \boldsymbol{v}$.

Wir untersuchen daher die Frage, durch welche Ursachen Wirbel in einem Plasma entstehen können.

2.2. *Die Potentialbedingung*

Wenn wir die Operation $\frac{1}{2}$ rot auf die Bewegungsgleichung (1.3) ausüben, erhalten wir wegen $\operatorname{rot} \nabla = 0$ mit (2.1) die *Wirbelgleichung der MHD*

$$\frac{\mathrm{d} \boldsymbol{W}}{\mathrm{d} t} = \operatorname{rot} \left(\frac{1}{\mu_0 \varrho} [\operatorname{rot} \boldsymbol{B} \times \boldsymbol{B}] \right) + \operatorname{rot} \frac{1}{\varrho} \boldsymbol{R} - \operatorname{rot} \frac{\nabla p}{\varrho}. \tag{2.11}$$

Da die drei Terme auf der rechten Seite drei voneinander unabhängige physikalische Erscheinungen beschreiben, ist es sehr unwahrscheinlich, daß sie sich gegenseitig kompensieren. Damit $\frac{\mathrm{d}\boldsymbol{W}}{\mathrm{d}t}$ Null bleibt, wenn $\boldsymbol{W}$ anfangs Null war, (*Potentialströmung*) müssen demnach drei Terme einzeln verschwinden.

$$\operatorname{rot}\frac{\nabla p}{\varrho} = 0, \quad \text{wenn} \quad p = f(\varrho). \tag{2.12}$$

Ganz allgemein folgt ja aus der allgemeinen Zustandsgleichung (1.20) und der Entropieformel für ein ideales Gas

$$S = M\,c_p \ln R - M R \ln p + S_0 \tag{2.13}$$

wegen $\mathrm{R} = c_p - c_v$ die Form

$$p = \frac{\mathrm{e}^{\frac{S-S_0}{Mc_v}}}{M}\,\varrho^{\frac{R}{c_v}+1}\left(\frac{R}{M}\right)^{\frac{R}{c_v}+1} = f(\varrho, S). \tag{2.14}$$

Da nach dem CROCCO-*Satz* für variable Entropie ein $\operatorname{rot}\boldsymbol{v}$ auftritt, kann für $\operatorname{rot}\boldsymbol{v} = 0$ konstante Entropie und damit $p = f(\varrho)$ angenommen werden, vgl. (1.23).

Dann ist $\frac{1}{\varrho} = g(p)$, und

$$\operatorname{rot}(\nabla p\cdot(gp)) = g(p)\operatorname{rot}\nabla p + [\nabla g(p)\times\nabla p)$$

verschwindet, da $\operatorname{rot}\nabla p = 0$ und da $\nabla g(p) = g'\cdot\nabla p$ zu ∇p parallel ist, also auch verschwindet. (Das Vektorprodukt zweier zueinander paralleler Vektoren ist Null.)
Isentropie, d. h. nach (2.3), (2.4)

verschwindender elektrischer Widerstand ($\sigma = \infty$),

verschwindende Wärmeleitfähigkeit ($\varkappa = 0$) und

verschwindende Viskosität ($R = 0$)

ist eine *notwendige* (aber noch *nicht* eine *hinreichende*!) Voraussetzung für das *Auftreten von Potentialströmungen* in der MHD. Da $\boldsymbol{R} = 0$, brauchen wir den zweiten Term nicht mehr zu betrachten. Es ergibt sich somit die *Potentialbedingung von* Kaplan [5], vgl. Band II, (10.39):

$$\operatorname{rot}\left(\frac{1}{\mu_0 \varrho}[\operatorname{rot}\boldsymbol{B}\times\boldsymbol{B}]\right)=0. \tag{2.15}$$

(Man beachte, daß diese Bedingung für ein inkompressibles Plasma, also für $\varrho = \text{const}$, in die *Gleichung von* Ferraro, Band II, (10.11), übergeht.)

Aus (2.15) folgt sofort der Ansatz (vgl. Band II, (10.40))

$$\frac{1}{\mu_0}[\operatorname{rot}\boldsymbol{B}\times\boldsymbol{B}] = -\varrho \operatorname{grad}\Omega. \tag{2.16}$$

Wendet man die Identität (2.7) auf $\boldsymbol{B}$ an, so erhält man aus (2.15) die folgende Bedingung:

$$\frac{1}{\varrho}\cdot\operatorname{rot}(\boldsymbol{B}\nabla)\boldsymbol{B}+\left[\nabla\frac{1}{\varrho}\times(\boldsymbol{B}\nabla)\boldsymbol{B}\right]-\operatorname{rot}\left(\frac{1}{\varrho}\nabla\frac{B^2}{2}\right)=0. \tag{2.17}$$

Diese Bedingung ist u. a. sicher erfüllt, wenn die 3 Terme einzeln verschwinden, wenn also

$$(\boldsymbol{B}\nabla)\boldsymbol{B}=0 \tag{2.18}$$

und

$$\operatorname{rot}\left(\frac{1}{\varrho}\nabla\frac{B^2}{2\mu_0}\right)=0. \tag{2.19}$$

Eine *isentrope* Strömung ist also *dann* sicher eine *Potentialströmung*, *wenn* die zwei letzten Gleichungen erfüllt sind.

Gl. (2.18) bedeutet, daß die Änderung von $\boldsymbol{B}$ in der Richtung von $\boldsymbol{B}$ verschwindet, d. h., daß *die Feldlinien Geraden sind*. Die drei Komponenten von $\boldsymbol{B}$ sind auf Regelflächen konstant, die durch die Bewegung der Geraden $y = ax + b + \alpha$, $z = cx + d + \beta$ entstehen. Es gilt [6]:

$$\begin{aligned} B_x &= f(y - ax - b,\ y - cx - d),\\ B_y &= g(y - ax - b,\ y - cx - d),\\ B_z &= h(y - ax - b,\ y - cx - d). \end{aligned} \tag{2.20}$$

Wenn man umgekehrt eine Potentialströmung vorgibt ($\operatorname{rot} \boldsymbol{v} = 0$), so erhält man durch Rotorbildung von (2.10)

$$\operatorname{rot}\left(\frac{1}{\mu_0 \varrho}[\operatorname{rot} \boldsymbol{B} \times \boldsymbol{B}]\right) = [\nabla T \times \nabla S] \tag{2.21}$$

und damit die Aussage, daß eine Potentialströmung entweder isentrop ist ($\nabla S = 0$) oder daß sie isotherm ist ($\nabla T = 0$) bzw. daß $\nabla T \parallel \nabla S$.

Die Bedingung (2.19) ist dann erfüllt, wenn

a) $\varrho = \text{const}$: inkompressibles Plasma

oder b) $B^2 = \text{const}$: kräftefreier Fall, vgl. Band II, § 10.6

oder c) $B^2 = f(\varrho)$, vgl. $\dfrac{B}{\varrho} = \text{const}$, s. Band I, (4.76), S. 84.

Im Fall c) gilt $\nabla \dfrac{1}{\varrho} \times \nabla \dfrac{B^2}{2\mu_0} = -\dfrac{f'(\varrho)}{\varrho^2} \nabla \varrho \times \nabla \varrho = 0$. Für die Ableitung von $B^2 = f(\varrho)$ benötigt man lediglich die Erfüllung von (2.18), wie wir im nächsten Abschnitt zeigen werden.

2.3. *Die* BERNOULLI-*Gleichung der MHD*

Nimmt man *Potentialströmung* an, dann existiert ein Potential φ,

$$\boldsymbol{v} = -\nabla \varphi, \tag{2.22}$$

und es gilt (2.16). Aus dem *Satz von* CROCCO (2.10) folgt dann mit $\operatorname{rot} \boldsymbol{v} = 0$, $\boldsymbol{R} = 0$, $\nabla S = 0$ die Aussage

$$\nabla\left(-\frac{\partial \varphi}{\partial t} + H + \Omega\right) = 0.$$

Durch Integration, bei der man die Integrationskonstante $F(t)$ nennt, erhält man

$$-\frac{\partial \varphi}{\partial t} + U + \frac{p}{\varrho} + V + \frac{v^2}{2} + \Omega = F(t). \tag{2.23}$$

Diesen Satz nennt man das LAGRANGE-CAUCHY-*Integral der MHD* eines idealen Plasmas ($\sigma = \infty$) [7]. Für eine stationäre Strömung $\left(\frac{\partial}{\partial t} = 0\right)$ geht (2.23) in

$$U + \frac{p}{\varrho} + V + \frac{v^2}{2} + \Omega = \text{const} \tag{2.24}$$

über.

Da für eine Potentialströmung (2.18) gilt, kann man (2.16) mit (2.7) umformen; man erhält

$$\frac{1}{\varrho \mu_0} \nabla \frac{B^2}{2} = \nabla \Omega , \tag{2.25}$$

so daß (2.19) automatisch erfüllt ist.

Für die innere Energie U eines idealen Gases erhielten wir (1.22), was mit (1.20) in

$$U = \frac{1}{\gamma - 1} \frac{p}{\varrho} \tag{2.26}$$

umgerechnet werden kann [8]. Damit folgt mit (1.25)

$$U + \frac{p}{\varrho} - \frac{\gamma p}{(\gamma - 1)\varrho} = \int \frac{\mathrm{d}p}{\varrho(p)_{\text{adiab.}}} = P . \tag{2.27}$$

Setzt man dies in (2.23) ein, so erhält man

$$-\frac{\partial \varphi}{\partial t} + \int \frac{\mathrm{d}p}{\varrho(p)} + V + \frac{v^2}{2} + \Omega = F(t) \tag{2.28}$$

(instationäre BERNOULLI-Gleichung), die für $\frac{\partial}{\partial t} = 0$ in

$$P + V + \frac{v^2}{2} \Omega + = \text{const} \tag{2.29}$$

übergeht. P ist hierbei die in Band II, (10.37), eingeführte *Druckfunktion*. Für die Statik ($\boldsymbol{v} = 0$) geht (2.29) in die Druckgleichung der Magnetostatik, vgl. Band II, (10.41), über. Da Potentialströmungen adiabatisch sind und für Potentialströmungen (2.18) gilt, folgt mit (2.7), für $\boldsymbol{B}$ angeschrieben, aus (2.16) die Beziehung

$$\frac{1}{\mu_0}[\operatorname{rot} \boldsymbol{B} \times \boldsymbol{B}] = -\varrho \operatorname{grad} \Omega = -\varrho \operatorname{grad} \frac{B^2}{2\mu_0}. \quad (2.30)$$

Die Energiedichte $U_m = \frac{B^2}{2\mu_0}$ des magnetischen Feldes hat die Dimension eines Druckes, so daß für $\frac{B^2}{2\mu_0}$ (internationales System) bzw. für $\frac{B^2}{8\pi}$ (CGS-System) die Bezeichnung *magnetischer Druck* p_m eingeführt wird (Band I, S. 82). Führt man nun eine *magnetische Druckfunktion* $\int \frac{\mathrm{d}p_m}{\varrho}$ ein, so erhält man aus (2.25) und mit $B = \alpha\varrho$

$$P_m = \int \frac{\mathrm{d}p_m}{\varrho} = \Omega = \frac{B^2}{\mu_0 \varrho} = \frac{2p_m}{\varrho}. \quad (2.31)$$

Ein Vergleich dieses Ergebnisses mit (2.27) läßt vermuten, daß der magnetische Adiabatenexponent $\gamma_m = 2$ ist, daß also

$$\frac{p_m}{\varrho^2} = \text{const} = \frac{p_{m0}}{\varrho_0^2} \quad \text{oder} \quad B = \alpha\varrho \quad (2.32)$$

die *magnetische Adiabate* ist. Tatsächlich haben wir für Kompression senkrecht zum Magnetfeld schon in Band I (vgl. S. 84, (4.77)) eine solche Formel gefunden ($p_m = p_\perp$). Definiert man nun einen *Gesamtdruck*

$$p^* = p + p_m = p + \frac{B^2}{2\mu_0}, \quad (2.33)$$

so erhält man aus (2.29) mit (2.31) die BERNOULLI-*Gleichung* (*Druckgleichung*) in der Form

$$\int \frac{\mathrm{d}p^*}{\varrho} + \frac{v^2}{2} + V = \text{const}. \quad (2.34)$$

Hier ist nun die *Gesamtdruckfunktion* P^* gegeben durch [8]

$$P^* = P + \Omega = \int \frac{\mathrm{d}p}{\varrho} + \int \frac{\mathrm{d}p_m}{\varrho} = \int \frac{\mathrm{d}p^*}{\varrho}$$

$$= \frac{\gamma p}{(\gamma - 1)\,\varrho} + \frac{2\,p_m}{\varrho}. \tag{2.35}$$

Für inkompressible Medien in einem schwerefreien Raum erhält man hieraus die in Band I abgeleitete Druckgleichung (4.70). $\left(\text{Für inkompressible Medien ist nämlich } \int \frac{\mathrm{d}p}{\varrho} = \frac{p}{\varrho}\right)$.

2.4. *Das Theorem von* Truesdell

Ein für die obigen Überlegungen sehr brauchbares Theorem wurde von Truesdell abgeleitet [9]. Rechnet man div $\boldsymbol{v}$ aus der Kontinuitätsgleichung (1.1) aus und setzt dies unter Verwendung von (1.12) in die Induktionsgleichung (1.16) ein, so erhält man für $\sigma = \infty$ (wegen $\operatorname{rot}[\boldsymbol{v} \times \boldsymbol{B}] = (\boldsymbol{B}\nabla)\,\boldsymbol{v} - \boldsymbol{B} \operatorname{div} \boldsymbol{v} - (\boldsymbol{v}\nabla)\,\boldsymbol{B} + \boldsymbol{v} \operatorname{div} \boldsymbol{B}$)

$$\frac{\mathrm{d}\boldsymbol{B}}{\mathrm{d}t} \equiv \frac{\partial \boldsymbol{B}}{\partial t} + (\boldsymbol{v}\nabla)\,\boldsymbol{B} = (\boldsymbol{B}\nabla)\,\boldsymbol{v} + \boldsymbol{B}\frac{1}{\varrho}\frac{\mathrm{d}\varrho}{\mathrm{d}t}. \tag{2.36}$$

Die Identität

$$\frac{\mathrm{d}}{\mathrm{d}t}\left(\frac{\boldsymbol{B}}{\varrho}\right) = \frac{1}{\varrho}\frac{\mathrm{d}\boldsymbol{B}}{\mathrm{d}t} - \frac{1}{\varrho^2}\boldsymbol{B}\frac{\mathrm{d}\varrho}{\mathrm{d}t} \tag{2.37}$$

ergibt nun aus (2.36) das *Theorem von* Truesdell

$$\frac{\mathrm{d}}{\mathrm{d}t}\left(\frac{\boldsymbol{B}}{\varrho}\right) = \left(\frac{\boldsymbol{B}}{\varrho}\nabla\right)\boldsymbol{v}. \tag{2.38}$$

Für Potentialströmungen gilt nun nach (2.32)

$$\boldsymbol{B} = \boldsymbol{e} B = \alpha \varrho \boldsymbol{e},$$

wenn $\boldsymbol{e}$ der Einheitsvektor in Richtung von $\boldsymbol{B}$ ist. Aus dem Theorem von TRUESDELL folgt dann

$$\frac{\mathrm{d}\boldsymbol{e}}{\mathrm{d}t} = (\boldsymbol{e}\nabla)\,\boldsymbol{v}.$$

Da bei einer Potentialströmung (2.18) gilt, also $\frac{\mathrm{d}\boldsymbol{e}}{\mathrm{d}t} = 0$ (gerade Feldlinien), folgt $(\boldsymbol{e}\nabla)\,\boldsymbol{v} = 0$, d. h., $\boldsymbol{v}$ ändert sich nicht in der Richtung von $\boldsymbol{B}$. Der (durch $v_\parallel = \text{const}$ und $v_\perp$ bestimmte) Winkel $\operatorname{arctg} \frac{v_\perp}{v_\parallel}$ zwischen $\boldsymbol{v}$ und $\boldsymbol{B}$ wird nur durch $v_\perp$ bestimmt. Ist jedoch $v_\parallel = 0$, dann ist $\boldsymbol{v} \perp \boldsymbol{B}$, und dieser Winkel bleibt erhalten („*Transversalströmung*").

Wir wollen nun zeigen, daß $v_\parallel = 0$ eine Folge des Theorems von TRUESDELL ist. Sei $\boldsymbol{\xi}$ der Ort eines Plasmateilchens, dann läßt sich wegen $\boldsymbol{v} = \frac{\mathrm{d}\boldsymbol{\xi}}{\mathrm{d}t}, \frac{\mathrm{d}}{\mathrm{d}t} = \frac{\partial}{\partial t} + \boldsymbol{v}\nabla$, das Theorem (2.38) in der Form

$$\left(\frac{\partial}{\partial t} + (\boldsymbol{v}\nabla)\right)\left(\frac{\boldsymbol{B}}{\varrho} - \left(\frac{\boldsymbol{B}}{\varrho}\nabla\right)\boldsymbol{\xi}\right) = 0 \qquad \text{oder}$$

$$\alpha\frac{\mathrm{d}\boldsymbol{e}}{\mathrm{d}t} = 0 = \alpha\frac{\mathrm{d}}{\mathrm{d}t}(\boldsymbol{e}\boldsymbol{\xi})$$

schreiben. Dies bedeutet aber, daß in einer Potentialströmung $\boldsymbol{\xi}$ in der Richtung parallel zu $\boldsymbol{B}$ konstant ist, d. h. $v_\parallel = 0$.

Potentialströmungen gibt es also nur im Fall $\boldsymbol{v} \perp \boldsymbol{B}$, z. B. bei *ebenen Strömungen.*

Für solche Strömungen, z. B. $\boldsymbol{v} = (v_x, v_y, 0)$, $\boldsymbol{B} = (0, 0, B_z)$, werden übrigens im stationären Fall $\Bigl(\frac{\partial}{\partial t}$

$= 0\Big)$ die beiden Aussagen $B = \alpha\,\varrho$ und $\operatorname{rot}[\boldsymbol{v} \times \boldsymbol{B}] = 0$ $\Big($die aus der Induktionsgleichung für $\sigma = \infty$, $\frac{\partial}{\partial t} = 0$ folgt$\Big)$ äquivalent [10].

2.5. *Das Einfrieren der Feldlinien*

Bei der Kompression *senkrecht* zum Magnetfeld gilt (2.32), d. h., die Dichte der Feldlinien (der Betrag des Magnetfeldes) ändert sich proportional zur Plasmadichte: das Plasma nimmt bei $\sigma = \infty$ sein Magnetfeld mit, so als ob es an den Feldlinien angeklebt, als ob das Feld im Plasma eingefroren wäre. Die Länge der Magnetfeldlinie ändert sich bei diesem Vorgang nicht.

Umgekehrt steigt jedoch $\boldsymbol{B}$ durch jede Bewegung des Plasmas, die die Magnetfeldlinien zu dehnen sucht. (*Theorem von* Walén *und* Cowling [11]).

Bei Kompression *parallel* zum Magnetfeld verkürzen sich die Feldlinien, ihre Dichte (der Betrag von $\boldsymbol{B}$) bleibt jedoch konstant. (2.32) gilt dann nicht mehr, sondern $p_m = \text{const}$, $\gamma_m = 0$. Sei nämlich z die lokale Richtung der Feldlinien, dann liefert (2.38) $\frac{\mathrm{d}}{\mathrm{d}t}\left(\frac{B}{\varrho}\right) = \frac{B}{\varrho}\frac{\mathrm{d}v}{\mathrm{d}z}$, und die Kontinuitätsgleichung gibt $\frac{\mathrm{d}\varrho}{\mathrm{d}t} = -\varrho\frac{\mathrm{d}v}{\mathrm{d}x}$. Daraus folgt $\frac{B}{\varrho} = \text{const}\cdot\frac{1}{\varrho}$ oder $B = \text{const}$.

Um dieses *Einfrieren der Feldlinien* in einem idealen Plasma ($\sigma = \infty$) besser zu verstehen, betrachten wir den magnetischen Fluß

$$\Phi = \int \boldsymbol{B}\,\mathrm{d}\boldsymbol{f} \tag{2.39}$$

und bilden

$$\frac{\partial \Phi}{\partial t} = \int \frac{\partial \boldsymbol{B}}{\partial t}\,\mathrm{d}\boldsymbol{f} + \int \boldsymbol{B}\,\frac{\partial\,\mathrm{d}\boldsymbol{f}}{\partial t}.$$

Da nämlich die aus Plasmateilchen gebildeten flüssigen Linien sich durch den Strömungsvorgang bewegen, kann sich auch der Querschnitt $\mathrm{d}\boldsymbol{f}$ einer Flußröhre ändern.

Sei $\mathrm{d}\boldsymbol{s}$ das Linienelement einer um $\mathrm{d}\boldsymbol{r}$ verschobenen flüssigen Linie, dann ist die Änderung $\frac{\partial \mathrm{d}\boldsymbol{f}}{\partial t}$ der Querschnittsfläche einer Flußröhre durch

$$\frac{\partial\,\mathrm{d}\boldsymbol{f}}{\partial t} = \frac{[\mathrm{d}\boldsymbol{r} \times \mathrm{d}\boldsymbol{s}]}{\mathrm{d}t} = [\boldsymbol{v} \times \mathrm{d}\boldsymbol{s}]$$

gegeben. Damit ergibt sich

$$\frac{\partial \Phi}{\partial t} = \int \frac{\partial \boldsymbol{B}}{\partial t}\,\mathrm{d}\boldsymbol{f} + \int \boldsymbol{B}[\boldsymbol{v} \times \mathrm{d}\boldsymbol{s}].$$

Setzt man aus der Induktionsgleichung (1.16) für $\sigma = \infty$ ein und wendet den *Satz von* STOKES $\int [\boldsymbol{v} \times \boldsymbol{B}]\,\mathrm{d}\boldsymbol{s} = \int \operatorname{rot}[\boldsymbol{v} \times \boldsymbol{B}]\,\mathrm{d}\boldsymbol{f}$ an, so erhält man das *Theorem von* ALFVÉN (1942)

$$\frac{\partial}{\partial t}\int \boldsymbol{B}\,\mathrm{d}\boldsymbol{f} = \frac{\partial \Phi}{\partial t} = 0\,, \tag{2.40}$$

welches das *Einfrieren der Feldlinien* beschreibt.

Streng genommen gilt dieses Theorem nur für $\sigma = \infty$. Bei einer Rechengenauigkeit von 1% kann jede Zahl, die kleiner als 0,01 ist, als vernachlässigbar klein angesehen werden. Wie (6.67) aus Band I zeigt, kann z. B. für ein Plasma $\varrho = 10^{-3}\,\mathrm{g/cm^3}$, $B = 10^4$ Gauß, charakteristische Länge $l = 10^2\,\mathrm{cm}$, für $\sigma > 10^4\Omega^{-1}\,\mathrm{m}^{-1}$ die Leitfähigkeit σ als praktisch unendlich angesehen werden.

Für kleinere Leitfähigkeiten kann der *Diffusionsterm* von (1.16) nicht mehr vernachlässigt werden. (Für sehr kleine σ — etwa $\sigma < 10\,\Omega^{-1}\,\mathrm{m}^{-1}$ — kann man hingegen $\mu_0\sigma$ rot $[\boldsymbol{v}\times\boldsymbol{B}]$ vernachlässigen, wodurch die MHD-Gleichungen entkoppelt werden.) Setzt man $v = 0$ (Magnetohydrostatik), dann kann man das *Eindringen eines Magnetfeldes* in ein Plasma oder den *Zerfall von Magnetfeldern* untersuchen.

Setzt man in einem eindimensionalen Modell $\frac{\partial B}{\partial t} = \frac{c^2}{4\pi\sigma}\frac{\partial^2 B}{dv^2}$

(CGS-System!) den Ansatz $B = B_0\, e^{-t/\tau_e - x/l}$ ein, so erhält man für eine Plasmaschicht der Dichte x die *Einfrierdauer* τ (*elektromagnetische Zerfallszeit*),

$$\tau = \frac{4\pi\sigma x^2}{c^2}, \tag{2.41}$$

und für die Zeit t die *Eindringtiefe* (Skin-Länge) l,

$$l = c\sqrt{\frac{t}{4\pi\sigma}} = \frac{c}{\sqrt{2\pi\sigma\omega}}, \tag{2.42}$$

wobei ω die Frequenz eines elektromagnetischen Feldes ist.

Für $T = 10^8$ °K, $x = 10$ cm ergibt sich z. B. $\tau = 12$ s [12]. Für Hg($x = 10$ cm) erhält man 10^{-2} sec, für die Sonnenkorona ($x = 10^{11}$ cm) gilt 10^{18} sec, für den Erdkern ($x = 10^8$ cm) ist $\tau = 10^{12}$ sec.

Auch der Hall-*Effekt* führt zu einer Ablösung des Plasmas (der Einzelteilchen) von den Magnetfeldlinien.

2.6. MHD-Dynamo und Isorotation

Die MHD liefert eine neue Möglichkeit, die Magnetfelder der Sterne und der Planeten zu erklären. Im Plasma fließende Ströme erzeugen Magnetfelder; diese können durch Induktion Spannungen und zusätzliche Ströme erzeugen. Das Problem, wann ein derartiger *selbsterregender Dynamomechanismus* in einem Plasma aufrecht erhalten werden kann, wurde von Cowling untersucht [13]. Er zeigte schon 1934, daß es *keinen stationären axialsymmetrischen* MHD-*Dynamo* geben könne (Cowling-*Theorem*). In der Folge beschäftigten sich viele Autoren mit dem Problem. Elsasser und Bullard untersuchten die Frage, welche Geschwindigkeitsverteilungen den *Dynamoeffekt* zulassen [14]; andere Autoren beschäftigten sich mit instationären, insbes. die *Knickinstabilität* (vgl. Band II, Abb. 24) verwendenden Modellen [15].

In den letzten Jahren wurden insbesondere turbulente und kompressible Plasmaströmungen, auch unter Berücksichtigung des Hall-*Parameters*, untersucht [16]; es ist jedoch bisher nicht geglückt, eine befriedigende Theorie des MHD-*Dynamoproblems* zu finden. Man kennt jedoch die Bedingung $\frac{4\pi\sigma}{c^2} > \frac{\varrho}{\eta}$ (CGS-Einheiten) für das spontane Entstehen eines Magnetfeldes im turbulenten Plasma. Die Ungleichung bedeutet, daß die dissipativen Verluste an elektromagnetischer Energie nicht ausreichen, um das Anwachsen des Magnetfeldes infolge Dehnung der Kraftlinien (vgl. S. 17) zu kompensieren.

Ein anderes astrophysikalisches Plasmaproblem ist die *Isorotation*. Man versteht darunter die *für* $\sigma = \infty$ *auftretende Konstanz der Winkelgeschwindigkeit auf durch die Rotation von Magnetfeldlinien gebildeten Flächen.*

Wählt man Zylinderkoordinaten r, φ, z, dann ist eine reine Rotationsbewegung durch das Geschwindigkeitsfeld

$$\boldsymbol{v} = \omega r \boldsymbol{e}_\varphi \tag{2.43}$$

gegeben. $\boldsymbol{e}_\varphi$ ist der Einheitsvektor in der φ-Richtung. Für stationäre Rotation erhält man für $\sigma = \infty$ aus der Induktionsgleichung (1.16) die Beziehung

$$\operatorname{rot}[\boldsymbol{v} \times \boldsymbol{B}] = 0\,. \tag{2.44}$$

Infolge der Rotationssymmetrie $\left(\frac{\partial}{\partial\varphi} = 0\right)$ kann dies in der Form

$$\operatorname{rot}[\boldsymbol{v} \times \boldsymbol{B}] = 0 = \boldsymbol{e}_\varphi (r\omega \operatorname{div} \boldsymbol{B} + r(\boldsymbol{B}\nabla)\,\omega)$$

geschrieben werden, woraus wegen (1.12)

$$(\boldsymbol{B}\nabla)\,\omega = 0 \tag{2.45}$$

folgt, d. h., daß bei der stationären Rotation eines idealen Plasmas die Winkelgeschwindigkeit ω längs der magnetischen Feldlinien konstant ist (*Theorem von* Ferraro).

LÜST und SCHLÜTER haben durch ähnliche Überlegungen für $\sigma \neq \infty$ gezeigt, daß das Plasma, das einen Stern umgibt, infolge des Magnetfeldes des Sterns dessen Rotation bremst [17].

2.7. *Das Ausflußtheorem*

Genau so wie sich in der Gasdynamik aus der BERNOULLI-*Gleichung* das *Ausflußtheorem von* ST. VENANT-WANTZEL

$$v^2 = v_{\max}^2 - \frac{2}{\gamma - 1} \frac{\gamma p_0}{\varrho_0} \left(\frac{p}{p_0}\right)^{\frac{\gamma-1}{\gamma}} \tag{2.46}$$

ableiten läßt [18], kann man in der Magnetogasdynamik aus der BERNOULLI-*Gleichung* (2.34) ein Ausflußtheorem für die MHD ableiten [19]. Wir vernachlässigen die Schwerkraft ($V = 0$) und nennen die Konstante in (2.34) $\frac{v_{\max}^2}{2}$; ihre Bedeutung wird später klar werden.

Dann ergibt sich aus (2.34) mit $\gamma_m = 2$ und (2.32), (1.25)

$$v^2 = v_{\max}^2 - \frac{\gamma p_0}{2(\gamma - 1)\varrho_0} \left(\frac{p}{p_0}\right)^{\frac{\gamma-1}{\gamma}} - \frac{\gamma_m p_{m0}}{2(\gamma_m - 1)\varrho_0} \times \left(\frac{p_m}{p_{m0}}\right)^{\frac{\gamma_m-1}{\gamma_m}} \tag{2.47}$$

(*Ausflußtheorem der MHD*).

Wenn $p = p_0$, herrscht in der Strömung der gleiche Druck wie in dem durch p_0, ϱ_0, p_{m0}, $\boldsymbol{v} = 0$ charakterisierten Ruhezustand. Aus (2.47) folgt dann

$$v_{\max}^2 = \frac{\gamma p_0}{2(\gamma - 1)\,\varrho_0} - \frac{\gamma_m p_{m0}}{2(\gamma_m - 1)\,\varrho_0} \tag{2.48}$$

oder mit (1.6) und (4.54) aus Band I, sowie (2.31)

$$v_{\max}^2 = \frac{a_0^2}{2(\gamma - 1)} + 2 c_{A_0}^2 . \tag{2.49}$$

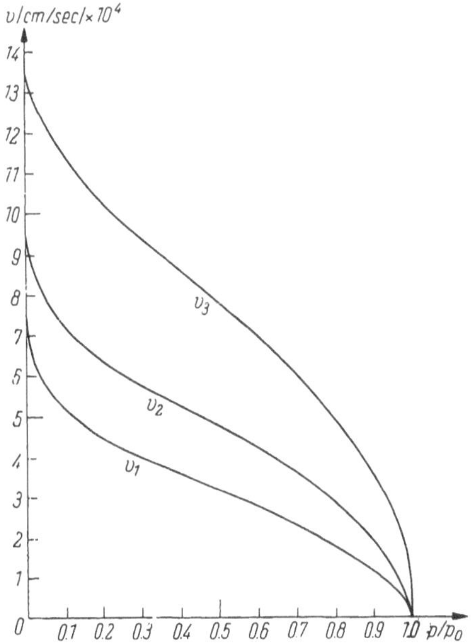

Abb. 1 Graphische Darstellung der Ausflußformel

$v = v(p/p_0)$,	$\gamma = 1{,}4$ für Luft,
$P^0 = 1$ Atm,	v_1 $B =$ 0 Gauß,
$\varrho_0 = 1\,291\,0^3$ g/cm³,	v_2 $B =$ 5000 Gauß,
$T = 0\,°$C,	v_3 $B =$ 10000 Gauß.

Aus (2.47) folgt für $p = 0$, $p_m = 0$ (Ausströmen ins Vakuum) $v = v_{\max}$. Dies ist demnach die beim Ausströmen eines Plasmas ins Vakuum erreichbare maximale Geschwindigkeit: die ganze thermische Energie (Enthalpie P) und die ganze magnetische Energie werden in kinetische Energie verwandelt. Für $B = 0$, d. h. $p_m = 0$, $c_A = 0$, erhält man die entsprechenden bekannten Formeln der Gasdynamik.

Die Abhängigkeit der Ausströmungsgeschwindigkeit v vom Druckverhältnis p/p_0 und vom Magnetfeld zeigt Abb. 1 [19].

§ 3. Inkompressible Strömungen

3.1. *Einteilung der MHD-Strömungen*

Je nachdem, welche Terme in den Grundgleichungen verschwinden oder vernachlässigt werden, unterscheidet man spezielle Arten der MHD-Strömungen. So wie in der gewöhnlichen Strömungslehre der Flüssigkeiten und Gase (*Hydro-* bzw. *Aerodynamik* bzw. *Gasdynamik*) unterscheidet man u. a.:

1. $\varrho = \text{const}$	inkompressible Strömungen (*Hydro-* bzw. *Aerodynamik*, MHD)
2. $\varrho \neq \text{const}$	kompressible Strömungung (*Gasdynamik*, *Magnetogasdynamik*)
3. $\frac{\partial}{\partial t} = 0$	*stationäre Strömung*
4. $\frac{\partial}{\partial t} \neq 0$	*instationäre Strömung — Stoßwellen*
5. $\sigma = \infty$, $\eta = 0$, $\varkappa = 0$	nicht dissipative Strömung (*ideales Plasma*)
6. $\operatorname{rot} \boldsymbol{v} = 0$	*Potentialströmung*

Weitere spezielle Fälle werden wir später kennenlernen. Bei welchen Umständen man z. B. *ideales Plasma* annehmen kann, hängt von der Rechengenauigkeit ab, vgl.

Band I, S. 162. Bei einer Rechengenauigkeit von 1% können Dichteänderungen $\frac{\Delta \varrho}{\varrho_0} = \frac{\varrho - \varrho_0}{\varrho_0} < 0{,}01$ vernachlässigt werden. Einem $\Delta \varrho \sim 0{,}01 \cdot \varrho_0$ entspricht nach (1.25) für $\gamma = 1{,}5$ eine Druckänderung $\frac{\Delta p}{p_0} = 0{,}051$. Der Druck darf sich demnach um maximal 5% ändern, damit man in der gewöhnlichen Gasdynamik Inkompressibilität des Mediums annehmen darf. Nach (2.46) entspricht diese Annahme etwa $v < 50$ m/s.

In der Magnetogasdynamik sind die Verhältnisse komplizierter. Wegen (2.32) muß eine entsprechende Bedingung auch für das Magnetfeld gelten.

3.2. Die HARTMANN-*Strömung*

Für im Sinne des letzten Abschnittes „inkompressible" Plasmaströmungen vereinfachen sich die Grundgleichungen bedeutend. Mit $\varrho = \text{const}$ erhält man aus (1.1), (1.3), (1.16):

Kontinuitätsgleichung (*Inkompressibilitätsbedingung*)

$$\operatorname{div} \boldsymbol{v} = 0, \quad (\boldsymbol{v} \operatorname{grad}) \varrho = 0, \tag{3.1}$$

Strömungsgleichung

$$\frac{\mathrm{d}\boldsymbol{v}}{\mathrm{d}t} = \frac{1}{\mu_0 \varrho} [\operatorname{rot} \boldsymbol{B} \times \boldsymbol{B}] - \frac{\nabla p}{\varrho} + \tilde{\eta} \Delta \boldsymbol{v} = 0, \tag{3.2}$$

wo $\tilde{\eta} = \eta/\varrho$ die *kinematische Zähigkeit* ist,

Induktionsgleichung

$$\frac{\partial \boldsymbol{B}}{\partial t} = \operatorname{rot} [\boldsymbol{v} \times \boldsymbol{B}] + \frac{1}{\mu_0 \varrho} \Delta \boldsymbol{B}. \tag{3.3}$$

Für einen speziellen stationären eindimensionalen Fall hat HARTMANN 1937 eine Lösung gegeben (HARTMANN-*Strömung*).

Die speziellen Annahmen von HARTMANN sind (vgl. Abb. 2)

$$\frac{\partial}{\partial t} = 0, \quad \frac{\partial}{\partial y} = 0, \quad \boldsymbol{B} = \boldsymbol{B}_0 + \boldsymbol{B}_1, \quad \boldsymbol{B}_0 = \text{const}$$

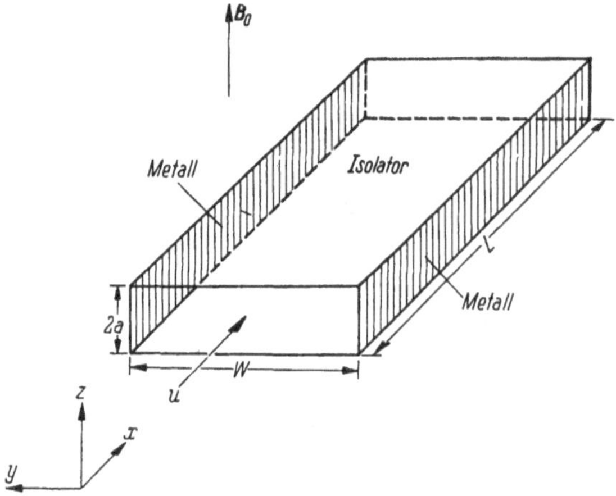

Abb. 2. HARTMANN-Strömung

($\boldsymbol{B}_0$ äußeres, $\boldsymbol{B}_1$ vom Plasma erzeugtes Magnetfeld),

$$v_x = u,\ v_y = v_z = 0,\ B_y = 0\,(B_{0y} = 0,\ B_{1y} = 0),\ B_{0x} = 0,$$
$$B_{1z} = 0$$

(*eindimensionale stationäre Kanalströmung*).

Mit diesen Annahmen ergeben die Grundgleichungen

$$\frac{\partial u}{\partial x} = 0, \quad \text{d. h.} \quad u = u(z), \tag{3.4}$$

$$0 = +\frac{1}{\mu_0}\frac{\partial B_{1x}}{\partial z} B_{0z} - \frac{\partial p}{\partial x} + \eta \frac{\mathrm{d}^2 u}{\mathrm{d} z^2}, \tag{3.5}$$

$$0 = -\frac{1}{\mu_0}\frac{\partial B_{1x}}{\partial z} B_{1x} - \frac{\partial p}{\partial z}. \tag{3.6}$$

(Die y-Komponente der Strömungsgleichung wird identisch erfüllt.) Die Induktionsgleichung liefert mit (1.12)

$$0 = -B_{0z} \frac{\mathrm{d}u}{\mathrm{d}z} + \frac{1}{\mu_0 \sigma} \frac{\partial^2 B_{1x}}{\partial z^2}. \tag{3.7}$$

Die y- und die z-Komponente werden mit (3.4) identisch erfüllt. Setzt man die Annahmen von HARTMANN in die MAXWELL-*Gleichungen* (1.11) bis (1.14) ein, so erhält man

$$\frac{\partial E_y}{\partial z} = 0, \tag{3.8}$$

$$\frac{\partial B_{1x}}{\partial x} = 0, \tag{3.9}$$

was bereits für die Ableitung von (3.7) verwendet wurde, sowie

$$j_x = 0, \quad j_y = \frac{1}{\mu_0} \frac{\partial B_{1x}}{\partial z}, \quad j_z = 0. \tag{3.10}$$

Aus (1.14) und (1.11) erhält man weiter Gleichungen für E_x, E_y, E_z, die wegen (3.10) mit Hinblick auf das OHMsche Gesetz (1.10) (es wurde $\omega\tau = 0$ angenommen!) nur durch

$$E_x = 0, \quad E_y = \text{const}, \quad E_z = 0 \tag{3.11}$$

erfüllt werden können. Bei der HARTMANN-*Strömung* tritt also quer zum Kanal zwischen den Metallwänden ein *elektrisches Feld* auf. Die HARTMANN-*Strömung* kann daher, wie wir im § 11 sehen werden, als Modell für den *magnetohydrodynamischen Stromgenerator* oder für einen *magnetohydrodynamischen Motor* (*elektromagnetische Pumpe* oder *Plasmabeschleuniger*) angesehen werden. Es ist daher zweckmäßig, E_y als Variable einzuführen.

Da B_0 das „außen" vorgegebene Magnetfeld, also bekannt ist, könnten wir aus den 3 Gleichungen (3.5), (3.6), (3.7) die 3 Funktionen $u(z)$, $B_{1x}(x, z)$, $p(x, z)$ bestimmen.

Es ist aber physikalisch durchsichtiger, $\frac{\partial B_{1x}}{\partial z}$ nach (3.10) durch j_y und dieses durch das OHMsche *Gesetz* (1.10) auszudrücken:

$$j_x = 0, \quad j_z = 0, \quad \frac{1}{\mu_0}\frac{\partial B_{1x}}{\partial z} = \sigma E_y - \sigma u B_{0z} \equiv j_y . \tag{3.12}$$

Setzt man dies ein, so erhält man aus (3.5) bis (3.7)

$$\eta \frac{\mathrm{d}^2 u}{\mathrm{d} z^2} = \frac{\partial p}{\partial x} - B_{0z}\,\sigma E_y + \sigma u B_{0z}^2, \tag{3.13}$$

$$\frac{\partial p}{\partial z} = - B_{1x}\,\sigma (E_y - u B_{0z}), \tag{3.14}$$

während (3.7) wegen (3.11) identisch erfüllt wird. Man muß daher als dritte Gleichung (3.12) verwenden.

Wir definieren die *mittlere Geschwindigkeit*

$$u_0 = \frac{1}{2a}\int_{-a}^{+a} u(z)\,\mathrm{d}z \tag{3.15}$$

und führen durch

$$Z = \frac{z}{a}, \quad X = \frac{x}{a}, \quad U = \frac{u}{u_0}, \quad P = \frac{p}{\varrho u_0^2}, \quad K = \frac{E_y}{u_0 B_{0z}},$$

$$\tilde{B} = \frac{B_{1x}}{B_{0z}} \tag{3.16}$$

dimensionslose Größen ein. Dann erhält man für (3.12) bis (3.14)

$$\frac{\partial \tilde{B}}{\partial Z} = K\,Rm - U\,Rm, \tag{3.17}$$

$$\frac{\mathrm{d}^2 U}{\mathrm{d} Z^2} = \frac{\partial P}{\partial X}\cdot Re - K\,Ha^2 + U\,Ha^2, \tag{3.18}$$

$$Re\,\frac{\partial P}{\partial Z} = -\tilde{B}\,K\,Ha^2 + \tilde{B}\,Ha^2, \tag{3.19}$$

wobei Re und Rm durch (1.9) und (1.19) gegeben sind und

$$Ha = \sqrt{\frac{\sigma B^2 a^2}{\eta}} \tag{3.20}$$

die HARTMANN-*Zahl* ist, die das Verhältnis der JOULE-*Wärme* zur durch *viskose Dissipation* erzeugten Wärme ausdrückt.

Da in (3.18) alle Glieder außer $\frac{\partial P}{\partial X}$ von X unabhängig sind, muß $P(X, Z)$ bezüglich X linear sein, d. h.

$$P(X, Z) = P_0 + P_1 X + P_2(Z); \qquad \frac{\partial P}{\partial X} = P_1, \tag{3.21}$$

wobei P_0, P_1 Konstante sind. Damit entsteht aus (3.18) die inhomogene lineare Differentialgleichung

$$U'' - Ha^2 U = Re\, P_1 - K\, Ha^2 \equiv \text{const}, \tag{3.22}$$

die mit der Randbedingung an der Wand $(z = \pm a)$

$$U(\pm 1) = 0, \quad \text{d. h.} \quad u(z = \pm a) = 0 \tag{3.23}$$

die Lösung

$$U(Z) = \left(K - \frac{Re\, P_1}{Ha^2}\right) \frac{\cosh Ha - \cosh Ha\, Z}{\cosh Ha} \tag{3.24}$$

besitzt. (HARTMANN-*Lösung*). Da nach (3.15)

$$\int_{-1}^{+1} U\, \mathrm{d}Z = \int_{-a}^{a} \frac{u}{u_0} \frac{\mathrm{d}z}{a} = \frac{\int_{-a}^{+a} u\, \mathrm{d}z}{\frac{1}{2a} \int_{-a}^{+a} u\, \mathrm{d}z \cdot a} = 2 \tag{3.25}$$

gelten muß, kann man P_1 in (3.24) bestimmen und erhält

$$U(Z) = \frac{Ha(\cosh Ha - \cosh Ha Z)}{Ha \cosh Ha - \sinh Ha}. \tag{3.26}$$

Für den dimensionslosen Gesamtstrom I erhält man aus (3.12) und (3.25)

$$I = \int_{-1}^{+1} \frac{j_y}{\sigma u_0 B} \, \mathrm{d}Z = \int_{-1}^{+1} \big(K - U(Z)\big) \, \mathrm{d}Z = 2(K-1). \tag{3.27}$$

Für die vom Generator erzeugte elektrische Leistung $-\frac{1}{2a}\int_{-a}^{+a} j_y E_y \, \mathrm{d}z$ erhält man nach Division durch $\sigma u_0^2 B^2$ den Ausdruck $K(1-K)$.

Wenn der Gesamtstrom verschwindet ($I = 0$), der Stromkreis zwischen den Metallwänden (*Elektroden*) also nicht geschlossen ist, dann ist $K = 1$. Der Strömungskanal ist dann ein unbelasteter *Generator* oder ein *Plasmadurchflußmesser*. Ist $K = 0$, also $E_y = 0$ (Kurzschluß), dann ist der *Kurzschlußstrom* $I = -2$. Ist $K < 1$, so ist $I < 0$, d. h., der Kanal verbraucht Strom, er ist eine *elektromagnetische Pumpe* oder ein *Plasmabeschleuniger*. Das Magnetfeld erhöht den Druck in der Strömung. Für $K > 1$ erniedrigt das Magnetfeld den Druck, es wird elektrische Energie geliefert, der Kanal arbeitet als Generator. Der Faktor K heißt manchmal *Belastungsfaktor* oder auch *elektrisch-mechanischer Wirkungsgrad*, da

$$K = \frac{jE}{juB} = \frac{\text{elektrische Leistung}}{\text{mechanische Leistung des Magnetfeldes}}. \tag{3.28}$$

In der ausgedehnten Literatur über die HARTMANN-*Strömung* findet man Erweiterungen der hier besprochenen

Lösung für nicht verschwindenden HALL-*Parameter* [20], für den *Wärmeübergang* und die *Temperaturverteilung* [21], für Kanäle mit *segmentierten Elektroden* [22], für das Auftreten von *Sekundärströmungen* [23], für echt zweidimensionale nicht viskose Strömungen in *linearisierter* [24] und in *numerischer* Behandlung [25], für das Auftreten von *Grenzschichten* [26], vgl. § 8, für *variablen Kanalquerschnitt* (*Fadenströmung*, *quasieindimensionale Strömung*) [27] sowie für den Einfluß der *Wandreibung* (z. B. die kompressible adiabatische FANNO-*Strömung*) [28] und bei *Wärmezufuhr* (RAYLEIGH-*Strömung*) [29]. Auch der Einfluß der *elektrischen Leitfähigkeit der Wände* wurde betrachtet (KALIKHMAN [22]).

3.3. POISEUILLE-*Strömung und andere Probleme*

Eine eindimensionale stationäre Rohrströmung, bei der infolge großer Zähigkeit des Mediums die Strömung laminar-schleichend erfolgt und das Trägheitsglied vernachlässigt werden kann, nennt man POISEUILLE-*Strömung*. Derartige Strömungen gibt es auch in der MHD, wo sie allerdings eine viel kleinere Bedeutung besitzen als etwa die HARTMANN-*Strömung*.

In der MHD gibt es sowohl Untersuchungen für Röhren mit rechteckigem [30] als auch mit kreisförmigem Querschnitt. Man erhält [31] wie in der gewöhnlichen Hydrodynamik ein *parabolisches Geschwindigkeitsprofil*

$$v_z(x) = v_0 \left(1 - \frac{x^2}{d^2}\right). \tag{3.29}$$

Für kreisförmigen Querschnitt ist x durch r (Rohrradius) zu ersetzen [31].

Verschiedene inkompressible viskose zweidimensionale und dreidimensionale schleichende Strömungen $\left(\text{d. h. Strömungen, die so langsam sind, daß } \frac{\mathrm{d}v}{\mathrm{d}t} \approx 0\right)$ eines elektrisch leitenden Plasmas ($\sigma \neq 0$, $\sigma \neq \infty$) findet man in der Literatur [32].

Kompressible Strömungen behandeln wir in § 5 (für $\sigma = \infty$) und in § 7 (für $\sigma \neq 0$, $\sigma \neq \infty$).

Bei manchen Problemen mit kleiner elektrischer Leitfähigkeit σ können die elektrodynamischen Vorgänge getrennt („*entkoppelt*") untersucht werden; man kann dann inkompressibel rechnen bzw. Geschwindigkeitsprofile vorgeben [33], vgl. § 7.2.

Über instationäre inkompressible ein- und mehrdimensionale Strömungen eines viskosen Plasmas findet man ausführliche Unterlagen bei HUGHES [32].

3.4. COUETTE-*Strömung*

Eine stationäre Strömung zwischen einer ruhenden Platte (an der das Strömungsmedium haftet) und einer bewegten Platte (die das Medium mitnimmt), nennt man COUETTE-*Strömung* (Abb. 3). Derartige Strömungen kom-

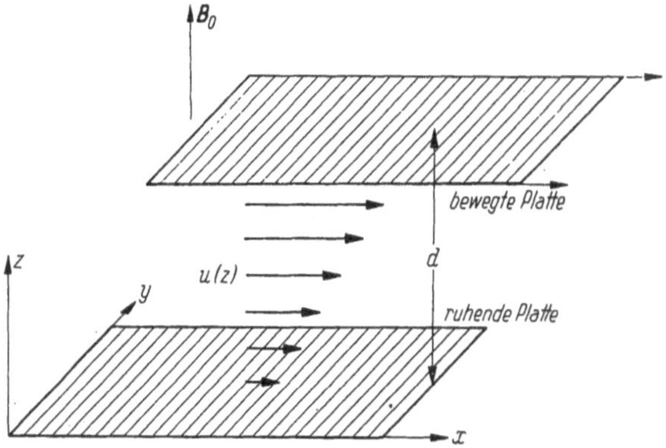

Abb. 3. COUETTE-Strömung

men in der *Theorie der Schmiermittelreibung* vor und besitzen auch in den MHD-Anwendungen (Pumpen, *MHD-Schmiermittelströmung*, *magnetische Lager*, *MHD-Öl-kupplung*, *MHD-Gleitlager*, *MHD-hydraulischer Verstärker* etc.) eine gewisse Bedeutung [34]. COUETTE-*Strömungen* werden auch als Modell für die Grenzschicht (vgl. § 8) verwendet.

Die Gleichungen für die COUETTE-*Strömung* sind die gleichen wie für die HARTMANN-*Strömung*; lediglich die Randbedingungen sind andere. An Stelle von (3.23) gilt $u(z = 0) = 0$ (Haften an der unteren Platte), $u(z = d) = V$ (Mitführen durch die obere Platte). Als Lösung erhält man [35]

$$u(z) = \frac{V \sinh\left(Ha \dfrac{z}{d}\right)}{\sinh Ha}, \tag{3.30}$$

$$B_{1x}(z) = \text{const}\left(1 - \cosh\left(Ha \frac{z}{d}\right)\right). \tag{3.31}$$

Je nach den Annahmen über P_0, P_1, P_2 erhält man auch andere Lösungen, vgl. [35]. Es wurden auch COUETTE-*Strömungen* mit veränderlichen Plasmaeigenschaften, also z. B. mit variabler Viskosität η, untersucht [36]. Auch instationäre COUETTE-*Strömungen* $\left(\frac{\partial}{\partial t} \neq 0\right)$ fanden Interesse [37].

Diese Untersuchungen über HARTMANN-, POISEUILLE- und COUETTE-*Strömungen* zeigen folgende Effekte [34]:

1. Der äußere Stromkreis, charakterisiert durch E_y, K, I etc., hat auf das Geschwindigkeitsprofil der Strömung einen großen Einfluß (vgl. auch § 11). Die Abänderung des Geschwindigkeitsprofils erfolgt so, daß die viskosen Schubspannungen verringert werden. Die sekündlichen Durchflußmengen werden daher größer (im Vergleich zur normalen POISEILLE-*Strömung*).

2. Flüssige Metalle, die bei hohen Temperaturen als Schmiermittel verwendet werden, haben meist eine sehr geringe Viskosität. Diese wird effektiv durch Anlegen eines äußeren Magnetfeldes *erhöht*: Druck und Reibung im MHD-Lager steigen.

3.5. *Parallelströmung*

Sowohl für kompressible Strömungen (vgl. §§ 5.3 und 7) als auch für inkompressible Strömungen gibt es eine spezielle Lösung, die *Parallelströmung* (*aligned flow*). Sie ist dadurch ausgezeichnet, daß $\boldsymbol{B}$ und $\boldsymbol{v}$ zueinander *parallel* sind und bleiben. Setzt man den Ansatz

$$\boldsymbol{B} = \lambda \boldsymbol{v} \tag{3.32}$$

in (1.12) ein, so erhält man unter Berücksichtigung der *Inkompressibilitätsbedingung* (3.1) als Bedingung für die skalare Funktion λ

$$\boldsymbol{v} \cdot \operatorname{grad} \lambda = 0, \tag{3.33}$$

d. h., *λ ist längs der Stromlinien konstant.*

Setzt man in die stationäre Induktionsgleichung ein, so liefert (1.16) für $\frac{\partial}{\partial t} = 0$ eine zweite Bedingung für $\boldsymbol{v}$ und λ

$$\Delta(\lambda \boldsymbol{v}) = 0. \tag{3.34}$$

Die Bewegungsgleichung (1.3) liefert mit (1.13), (2.33), (3.33) und (2.7), für $\boldsymbol{B}$ geschrieben, die Beziehung

$$\left(\varrho - \frac{\lambda^2}{\mu_0}\right)(\boldsymbol{v}\nabla)\,\boldsymbol{v} = -\nabla p^* + \mu \Delta \boldsymbol{v}. \tag{3.35}$$

Damit gilt das folgende *Äquivalenztheorem*:

Die stationäre Parallelströmung eines inkompressiblen viskosen MHD-Plasmas endlicher Leitfähigkeit kann durch die stationäre inkompressible Strömung eines gedachten Mediums mit der Dichte $\varrho^* = \varrho - \frac{\lambda^2}{\mu_0}$ *und dem Druck* p^* *beschrieben werden.* In zylindrischen Röhren führt ein zu $\boldsymbol{v}$ paralleles Magnetfeld zu einer Rotation der Plasmasäule (Gourdine [38]).

Kraftfreie Magnetfelder (vgl. Band II, § 10.6), für die $[\text{rot}\,\boldsymbol{B} \times \boldsymbol{B}] = 0$ gilt, aber auch allgemeine Magnetfelder, z. B. für die (2.16) gilt (*Potentialströmung!*), lassen *Parallelströmungen* als Lösungen zu [38]. (Für $\Omega \neq 0$ folgt für p eine spezielle Ω und λ enthaltende Bedingung.) Für $\lambda = \text{const}$ folgt aus (3.32) für kraftfreie Magnetfelder die Bedingung $[\text{rot}\,\boldsymbol{v} \times \boldsymbol{v}] = 0$, d. h. bei Vorliegen der anderen notwendigen Voraussetzungen Potentialströmung oder eine Strömung, bei der rot $\boldsymbol{v}$ parallel zu $\boldsymbol{v}$ ist.

3.6. ALFVÉN-Wellen

Eine spezielle Parallelströmung tritt für $\eta = 0, \sigma = \infty$ auf (*ideales Plasma*), vgl. Band I, S. 153). Es ist dann, wie nur durch längere Rechnungen gezeigt werden kann, möglich, $\varrho^* = 0, \lambda = \text{const}$ zu setzen. Dann kann man λ berechnen, $\lambda = \sqrt{\mu_0 \varrho}$, und mit (3.32) folgt

$$\boldsymbol{v} = \frac{\boldsymbol{B}}{\sqrt{\mu_0 \varrho}} = c_A, \tag{3.36}$$

d. h., das Medium strömt mit der ALFVÉN-*Geschwindigkeit* nach Band I, (4.54). Die Lösung (3.36) wird gelegentlich auch *Gleichverteilungslösung* genannt, weil für sie $\frac{1}{2}\varrho v^2 = \frac{B^2}{2\mu_0}$ gilt, d. h., die kinetische und die magnetische Energie sind gleich groß [39].

Die ALFVÉN-*Geschwindigkeit* ist die *Phasengeschwindigkeit von magnetischen Wellen* in einem inkompressiblen idealen MHD-Plasma. Wir wollen dies zeigen, indem wir von einem ruhenden Plasma $(\varrho_0, p_0, \boldsymbol{v}_0 = 0, \boldsymbol{B}_0)$ ausgehen, dem wir eine kleine zeitabhängige Störung (Welle)

$$p_1 = p_k e^{i(\boldsymbol{kr} - \omega t)}, \quad \boldsymbol{v}_1 = \boldsymbol{v}_k e^{i(\boldsymbol{kr} - \omega t)}, \quad \boldsymbol{B}_1 = \boldsymbol{B}_k e^{i(\boldsymbol{kr} - \omega t)} \tag{3.37}$$

überlagern. Setzt man die Summe der Größen mit dem Index 0 und 1 in die Grundgleichungen ein und vernachlässigt man die Quadrate der Größen mit dem Index 1, so erhält man [40] aus der

Kontinuitätsgleichung $\boldsymbol{k} \cdot \boldsymbol{v}_k = 0,$ (3.38)

Strömungsgleichung $-\omega \varrho_0 \boldsymbol{v}_k = - \boldsymbol{k} p_k$

$$- \frac{1}{\mu_0} [\boldsymbol{B}_0 \times [\boldsymbol{k} \times \boldsymbol{B}_k]], \tag{3.39}$$

Induktionsgleichung $-\omega \boldsymbol{B}_k = \boldsymbol{k} \times \boldsymbol{v}_k \times \boldsymbol{B}_0 = \boldsymbol{v}_k (\boldsymbol{k} \boldsymbol{B}_0)$. (3.40)

Aus (3.40) folgt, daß $\boldsymbol{B}_k$ und $\boldsymbol{v}$ parallel sind, und aus (3.38) folgt, daß sich die Welle senkrecht zur Störungsamplitude $\boldsymbol{v}_1$ ausbreitet, also transversal ist. Verwendet man die Identität $\boldsymbol{B}_0 \times [\boldsymbol{k} \times \boldsymbol{B}_k] = \boldsymbol{k}(\boldsymbol{E}_0 \boldsymbol{B}_k) - \boldsymbol{B}_k(\boldsymbol{B}_0 \boldsymbol{k})$ und setzt man für $\boldsymbol{B}_k$ aus (3.40) in (3.39) ein, so erhält man

$$\left(\omega \varrho_0 - \frac{1}{\mu_0} \frac{(\boldsymbol{B}_0 \boldsymbol{k})^2}{\omega}\right) \boldsymbol{v}_k = \left(p_k + \frac{1}{\mu_0} (\boldsymbol{B}_0 \boldsymbol{B}_k)\right) \boldsymbol{k}.$$

Skalare Multiplikation mit $\boldsymbol{v}_k$ liefert wegen $\boldsymbol{v}_k^2 \neq 0$ mit (3.38) die *Dispersionsrelation* (vgl. Band I, S. 15)

$$\omega^2 = \frac{(\boldsymbol{B}_0 \boldsymbol{k})^2}{\mu_0 \varrho_0}, \tag{3.41}$$

woraus die durch $\frac{\omega}{k}$ definierte (vgl. Band I, S. 85) *Phasengeschwindigkeit der* ALFVÉN-*Welle*

$$\frac{\omega}{k} = c_A \cos \vartheta \tag{3.42}$$

folgt. ϑ ist der Winkel zwischen $\boldsymbol{k}$ und $\boldsymbol{B}_0$. Breitet sich die Welle genau in Richtung von $\boldsymbol{B}_0$ aus ($\vartheta = 0$, *reine*

ALFVÉN-*Welle*), so ist die Phasengeschwindigkeit durch c_A gegeben. Reine ALFVÉN-*Wellen* sind, wie wir später (§ 4) sehen werden, *transversale Wellen* auf den $\boldsymbol{B}_0$-Linien.

ALFVÉN-*Wellen in kompressiblen Medien* werden wir im nächsten § besprechen. Ist das Medium dissipativ ($\eta \neq 0$, $\eta \neq 0$), aber inkompressibel, dann lautet [41] die *Dispersionsrelation*

$$\left(k^2 - \frac{\mathrm{i}\omega\varrho_0}{\eta}\right)(k^2 - \mathrm{i}\omega\sigma\mu_0) + k^2\frac{\sigma B^2}{\eta} = 0 . \qquad (3.43)$$

Diesen Ausdruck werden wir später ableiten. Für $\sigma = \infty$, $\eta = 0$ erhält man wieder (3.41).

§ 4. Wellen und Charakteristiken

4.1. Magnetohydrodynamische Wellen

Unter einer *Welle* versteht man die sich räumlich ausbreitende (laufende) oder auch im Raum verharrende (stehende) *Störung*, d. h. eine meist kleine, oft periodische Abweichung der physikalischen Größen (in der MHD p, ϱ, $\boldsymbol{v}$, $\boldsymbol{B}$, T) von einem *Grundzustand* (*Anfangszustand*, *Gleichgewichtszustand*). Da die Störungen fast immer — zumindest zu Beginn ihres Auftretens — eine kleine Amplitude besitzen, werden sie meist in *linearisierter Behandlung* beschrieben.

Wir behandeln die Ausbreitung derartiger kleiner periodischer Störungen in einem kompressiblen dissipativen Plasma ($\eta \neq 0$, $\sigma \neq 0$, $\sigma \neq \infty$) verschwindender Wärmeleitfähigkeit $\varkappa$ und verschwindender Volumviskosität η'.

Wir gehen mit dem Ansatz

$$\boldsymbol{B} = \boldsymbol{B}_0 + \boldsymbol{B}_1,\ \boldsymbol{v} = \boldsymbol{v}_0 + \boldsymbol{v}_1,\ \varrho = \varrho_0 + \varrho_1,\ p = p_0 + p_1 \qquad (4.1)$$

in die Grundgleichungen ein und erhalten bei Vernachlässigung höherer Potenzen der Größen mit dem Index 1 und der Annahme eines homogenen statischen Grundzustandes (ϱ_0, p_0, $\boldsymbol{B}_0 = \text{const}$, $\boldsymbol{v}_0 = 0$)

$$\text{(Massenerhaltung)} \quad \frac{\partial \varrho_1}{\partial t} + \varrho_0 \operatorname{div} \boldsymbol{v}_1 = 0, \tag{4.2}$$

$$\text{(Impulserhaltung)} \quad \varrho_0 \frac{\partial \boldsymbol{v}_1}{\partial t} + \nabla p_1 + \frac{1}{\mu_0} [\boldsymbol{B}_0 \times \operatorname{rot} \boldsymbol{B}_1] - \eta \Delta \boldsymbol{v}_1 = 0, \tag{4.3}$$

(Erhaltung des magnetischen Flusses)

$$-\frac{1}{\mu_0 \sigma} \Delta \boldsymbol{B}_1 + \frac{\partial \boldsymbol{B}_1}{\partial t} = \operatorname{rot}[\boldsymbol{v}_1 \times \boldsymbol{B}_0]. \tag{4.4}$$

Der Energiesatz (1.21) führt zum Ergebnis (1.25), da die Wärmeleitung vernachlässigt wurde (Wellen sind meist rasche Vorgänge, so daß wenig Wärme während einer Schwingungsdauer abgeleitet wird) und da die Dissipation Φ (proportional v_1^2) und die Joule-*Wärme* (proportional $\boldsymbol{B}_1^2$) von höherer Ordnung sind und vernachlässigt werden können.

Setzt man (4.1) in (1.25) ein, so ergibt sich nach Entwicklung in eine binomische Reihe

$$\frac{p_1}{p_0} = \frac{\varrho_1}{\varrho_0} \cdot \gamma, \qquad a_0^2 = \left(\frac{\mathrm{d} p}{\mathrm{d} \varrho}\right)_{s = \text{const}} = \frac{\gamma p_0}{\varrho_0}. \tag{4.5}$$

Nimmt man nun ein unendlich großes Plasma an (keine Wände, keine Randbedingungen), so kann man für die Störungen wieder ebene Wellen wie in (3.37) ansetzen. Auch für ϱ soll nun ein solcher Ansatz gelten. Dann gilt die Korrespondenz ($\nabla f_1 = p_1$, ϱ_1 etc.)

$$\frac{\partial f_1}{\partial t} \to -i\omega f_k, \quad f_1 \to i k f_k, \tag{4.6}$$

und man erhält aus (4.2) bis (4.5)

$$\varrho_k = \frac{\varrho_0}{\omega}(\boldsymbol{k}\cdot\boldsymbol{v}_k)\,, \tag{4.7}$$

$$\boldsymbol{v}_k\left(\omega^2 + \frac{i\eta k^2\omega}{\varrho_0}\right) - \frac{\boldsymbol{k}\,p_k\,\omega}{\varrho_0} - \frac{\omega}{\varrho_0\mu_0}\{\boldsymbol{k}(\boldsymbol{B}_0\boldsymbol{B}_k) - \boldsymbol{B}_k(\boldsymbol{k}\boldsymbol{B}_0)\} = 0\,, \tag{4.8}$$

$$\boldsymbol{B}_k = \frac{i}{\dfrac{k^2}{\mu_0\sigma} - i\omega}\{\boldsymbol{v}_k(\boldsymbol{B}_0\boldsymbol{k}) - \boldsymbol{B}_0(\boldsymbol{k}\boldsymbol{v}_k)\} \tag{4.9}$$

sowie mit (4.7)

$$p_k = a_0^2\frac{\varrho_0}{\omega}(\boldsymbol{k}\boldsymbol{v}_k)\,. \tag{4.10}$$

Setzt man nun aus (4.9) und (4.10) in (4.8) ein, so erhält man nach Einführung von Einheitsvektoren

$$\boldsymbol{B}_0 = B_0\cdot\boldsymbol{b}_{\mathrm{E}},\quad \boldsymbol{k} = k\cdot\boldsymbol{k}_{\mathrm{E}},\quad \boldsymbol{v}_k = v_k\cdot\boldsymbol{v}_{\mathrm{E}} \tag{4.11}$$

und mit (3.36)

$$\boldsymbol{v}_{\mathrm{E}}\left(\frac{\omega^2}{k^2}M + \frac{i\eta\omega}{\varrho_0}M + \omega(\boldsymbol{k}_{\mathrm{E}}\boldsymbol{b}_{\mathrm{E}})^2c_{\mathrm{A}}^2\right) - (\boldsymbol{b}_{\mathrm{E}}\boldsymbol{v}_{\mathrm{E}})(\boldsymbol{b}_{\mathrm{E}}\boldsymbol{k}_{\mathrm{E}})\,\omega\boldsymbol{k}_{\mathrm{E}}c_{\mathrm{A}}^2 + (\boldsymbol{k}_{\mathrm{E}}\boldsymbol{v}_{\mathrm{E}})\big(-a_0^2M\boldsymbol{k}_{\mathrm{E}} + \omega c_{\mathrm{A}}^2\boldsymbol{k}_{\mathrm{E}} - \omega c_{\mathrm{A}}^2(\boldsymbol{k}_{\mathrm{E}}\boldsymbol{b}_{\mathrm{E}})\,\boldsymbol{b}_{\mathrm{E}}\big) = 0\,. \tag{4.12}$$

Dabei ist M eine Abkürzung,

$$M = -\frac{ik^2}{\mu_0\sigma} - \omega\,, \tag{4.13}$$

(4.12) ist die *Dispersionsrelation der magnetohydrodynamischen Wellen.*

Für den inkompressiblen Fall $\left(a_0^2 = 0\right)$ sowie für $\boldsymbol{k}_E \boldsymbol{v}_E = 0$, $\boldsymbol{k}_E \boldsymbol{b}_E = 1$, $\boldsymbol{b}_E \boldsymbol{v}_E = 0$ erhält man (3.43).

Es ist zweckmäßig, die folgenden Winkel einzuführen:

$\boldsymbol{k}_E \boldsymbol{v}_E = \cos\alpha$ (Wellenfortpflanzung zu Störungsgeschwindigkeit),

$\boldsymbol{k}_E \boldsymbol{b}_E = \cos\vartheta$ (Wellenfortpflanzung zu Ruhmagnetfeld), (4.14)

$\boldsymbol{b}_E \boldsymbol{v}_E = \cos\gamma$ (Störungsgeschwindigkeit zu Ruhmagnetfeld).

Man erhält damit eine andere Form von (4.12), die wir im nächsten Abschnitt untersuchen.

4.2. *MHD-Wellen im dissipationsfreien Plasma*

Für ein dissipationsfreies Medium gilt $\sigma = \infty$, $\eta = 0$ und nach (4.13) $M = -\omega$. Mit (4.14) erhält man dann aus (4.12) die *Dispersionsrelation für MHD-Wellen für ein nichtdissipatives Plasma*

$$\boldsymbol{v}_E\left(c^2 - c_A^2 \cos^2\vartheta\right) + \cos\alpha \left\{\left(- c_A^2 - a_0^2\right) \boldsymbol{k}_E + c_A^2 \cos\vartheta\, \boldsymbol{b}_E\right\} + \cos\gamma \cos\vartheta \cdot c_A^2 \boldsymbol{k}_E = 0 . \quad (4.15)$$

(Es wurde $c = \omega/k$ verwendet.) Da c von ω nicht abhängt, sind die Wellen dispersionsfrei.

Wir untersuchen nun einige spezielle Wellentypen.

Fall I: $\boldsymbol{v} \perp \boldsymbol{B}_0$, $\cos\gamma = 0 = \boldsymbol{b}_E \boldsymbol{v}_E$.

In diesem Fall steht die Störungsgeschwindigkeit $\boldsymbol{v}_1$ senkrecht auf dem Ruhmagnetfeld $\boldsymbol{B}_0$, die Welle ist *transversal*. Aus (4.15) folgt durch Multiplikation mit $\boldsymbol{v}_E$

$$\frac{\omega^2}{k^2} \equiv c^2 = \left(c_A^2 + a_0^2\right) \cos^2\alpha + c_A^2 \cos^2\vartheta . \quad (4.16)$$

Für $\cos\alpha = 0$, d. h., Wellenfortpflanzung ist senkrecht zur Störungsgeschwindigkeit (vgl. (3.38), Fall der Inkompressibilität), liegt also wieder eine ALFVÉN-*Welle* nach (3.42) vor.

Fall II: $\boldsymbol{k} \perp \boldsymbol{B}_0$, $\cos\vartheta = 0 = \boldsymbol{k}_\mathrm{E}\boldsymbol{b}_\mathrm{E}$.

Multiplikation von (4.15) mit $\boldsymbol{v}_\mathrm{E}$ liefert

$$c^2 = \left(a_0^2 + c_\mathrm{A}^2\right)\cos^2\alpha\,. \tag{4.17}$$

Wie man leicht einsieht, gibt es für den Unterfall $\boldsymbol{k}_\mathrm{E} \perp \boldsymbol{v}_\mathrm{E}$ ($\cos\alpha = 0$) keine Welle in dieser Richtung. Wenn $\cos\alpha = 1$, also $\boldsymbol{k}_\mathrm{E} \parallel \boldsymbol{v}_\mathrm{E}$, dann gilt

$$c = \pm\sqrt{a_0^2 + c_\mathrm{A}^2}\,. \tag{4.18}$$

Da $\boldsymbol{k}_\mathrm{E} \parallel \boldsymbol{v}_\mathrm{E}$, die Fortpflanzung also in Richtung der Amplitudenänderung erfolgt, handelt es sich um eine rein *longitudinale Welle* (*magnetoakustische Welle*).

Fall III:

$\boldsymbol{v}$ liege in der durch $\boldsymbol{B}_0$ und $\boldsymbol{k}$ bestimmten Ebene. Wir legen das Koordinatensystem so, daß $\boldsymbol{B}_0$ und $\boldsymbol{k}$ in der x,y-Ebene liegen: $\boldsymbol{v}_{1z} = \boldsymbol{B}_{0z} = \boldsymbol{k}_z = 0$. Dann gilt $\alpha + \gamma = \vartheta$, und der Vektor $\boldsymbol{v}_1$ kann nach den (nicht zueinander senkrecht stehenden, sondern den Winkel ϑ einschließenden) Vektoren $\boldsymbol{k}_\mathrm{E}$ und $\boldsymbol{b}_\mathrm{E}$ zerlegt werden: $\boldsymbol{v}_\mathrm{E} = v_{1B}\cdot\boldsymbol{b}_\mathrm{E} + v_{1k}\boldsymbol{k}_\mathrm{E}$. Es gilt dann auch $\cos\alpha = v_{1B}\cos\vartheta + v_k$, $\cos\gamma = v_{1B} + v_{1k}\cos\vartheta$. Da α, γ, ϑ zusammenhängen, muß auch zwischen v_{1B} und v_{1k} eine Beziehung bestehen. Setzt man für $\boldsymbol{v}_\mathrm{E}$, $\cos\alpha$, $\cos\gamma$ in (4.15) ein, so erhält man eine Gleichung der Form $A\boldsymbol{b}_\mathrm{E} + B\boldsymbol{k}_\mathrm{E} = 0$. Dieser Vektor verschwindet dann, wenn die Koeffizienten A und B einzeln verschwinden (weil $\boldsymbol{b}_\mathrm{E} \neq 0$, $\boldsymbol{k}_\mathrm{E} \neq 0$). Das Nullsetzen von A und B liefert

$$v_{1B}c^2 + v_{1k}c_\mathrm{A}^2\cos\vartheta = 0,$$

$$v_{1B} - \cos\beta\, a_0^2 + v_{1k}\left(c^2 - a_0^2 - c_\mathrm{A}^2\right) = 0\,.$$

Das sind zwei lineare homogene Gleichungen für die unbekannten Komponenten v_{1B}, v_{1k} von $\boldsymbol{v}_E$. Damit diese zwei Gleichungen eine von Null verschiedene Lösung besitzen, muß ihre Koeffizientendeterminante verschwinden, d. h.

$$c^4 - c^2\left(a_0^2 + c_A^2\right) + a_0^2 c_A^2 \cos^2\vartheta = 0\,. \tag{4.19}$$

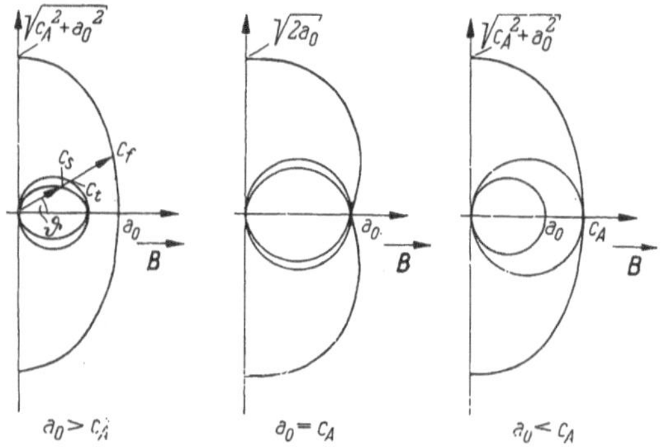

Abb. 4. FRIEDRICHS-Diagramm für MHD-Wellen

Das ist die Dispersionsrelation magnetoakustischer Wellen. Die Auflösung ergibt

$$\left(\frac{\omega}{k}\right)_{s,f} \equiv c_{s,f}$$

$$= \pm \times \sqrt{\frac{1}{2}\left(c_A^2 + a_0^2\right) \pm \frac{1}{2}\sqrt{\left(c_A^2 - a_0^2\right)^2 - 4a_0 c_A^2 \cos^2\vartheta}}\,. \tag{4.20}$$

(s bezieht sich auf „slow" — langsam, f auf „fast" — schnell; für s gilt das + Zeichen vor der inneren Wurzel; ± vor der äußeren Wurzel gilt für *s und f*, da es in jedem Fall sowohl *nach rechts* als auch *nach links* laufende Wellen gibt.)

Der Unterfall $\boldsymbol{B}_0 \perp \boldsymbol{k}$, $\cos\vartheta = 0$ liefert wieder (4.18). Trägt man $c(\vartheta)$ nach (4.19) in einem Polardiagramm auf, so erhält man Abb. 4 (FRIEDRICHS-*Diagramm*). s bezieht sich auf die langsame, f auf die schnelle und t auf die transversale Welle, die auch aufgenommen wurde.

Die *Gruppengeschwindigkeit* (bekanntlich die Fortpflanzungsgeschwindigkeit eines Wellenpaketes) ist durch

$$c_G = \frac{d\omega}{dk} \tag{4.21}$$

definiert und fällt mit c zusammen. Die MHD-Wellen sind daher dispersionsfrei.

MHD-Wellen sind auch für verschiedene Spezialfälle untersucht worden, so z. B. für *nichthomogene Ruhmagnetfelder* ($\boldsymbol{B}_0 \neq$ const) [42], die Reflexion und Brechung wurde untersucht [43], die Ausbreitung in geschichteten Medien, Wellen in begrenzten Bereichen, z. B. in *Wellenleitern* wurde betrachtet [44], wobei nicht überschreitbare *Grenzfrequenzen* auftreten. Andere Arbeiten berücksichtigen den *Einfluß des Verschiebungsstromes* [45]; auch der *Einfluß des Gravitationsfeldes* wurde untersucht [46]; wie wir bereits aus Band II wissen, ist auch der HALL-*Term* von Bedeutung [47].

4.3. *Die Dämpfung der MHD-Wellen*

Die wichtigsten Ursachen für die Dämpfung der MHD-Wellen sind endliche elektrische Leitfähigkeit σ und die Viskosität η, die beide bereits in (4.12) erfaßt sind. Zu berücksichtigen sind ferner die Wärmeleitung $\varkappa$ und die *Volumenviskosität* η' (vgl. Band I, S. 150) sowie die LANDAU-*Dämpfung* (vgl. Band I, S. 130).

Berücksichtigt man σ, η, η' und $\varkappa$ in den MHD-Grundgleichungen, linearisiert man diese nach (4.1) und setzt man ebene Wellen $e^{i(\omega t - \boldsymbol{k}\boldsymbol{x})}$ an, so erhält man nach längerer Rechnung [48] eine komplizierte, unübersichtliche Dispersionsrelation, die in Spezialfällen stark vereinfacht werden kann.

Fall I: *Transversalwelle*

Man erhält (3.43). Die Transversalwelle wird also weder durch die Volumenviskosität η', noch durch die Wärmeleitung $\varkappa$ gedämpft.

Fall II: *Longitudinalwelle*

Man erhält nach längerer Rechnung

$$\left\{\varkappa\left[\frac{1}{\varrho_0}+i\frac{\omega}{\varrho_0 p_0}\left(\frac{4}{3}\eta+\eta'\right)\right]k^4-\left[\frac{\omega^2\varkappa}{p_0}-i\omega c_p\right.\right.$$

$$\left.\left.+\frac{\omega^2 c_p}{a_0^2\varrho_0}\left(\frac{4}{3}\eta+\eta'\right)\right]k^2-\frac{i\omega^3 c_p}{a_0^2}\right\}\cdot\left\{\frac{\eta}{\varrho_0}\frac{1}{\mu_0\sigma}k^4+\left[c_{Ax}^2\right.\right.$$

$$\left.\left.+i\left(\eta\varrho_0+\frac{1}{\mu_0\sigma}\right)\omega\right]k^2-\omega^2\right\}-k^2c_{Ay}^2\left(i\omega+\frac{\eta}{\varrho_0}k^2\right)$$

$$\cdot\left(\frac{\omega^2 c_p}{a_0^2}-\frac{i\omega\varkappa k^2}{p_0}\right)=0. \tag{4.22}$$

Hierin bedeuten

$$c_{Ax}^2=\frac{B_{0x}^2}{\mu_0\varrho_0}=c_A^2\cos^2\vartheta;\qquad c_{Ay}^2=\frac{B_{0y}^2}{\mu_0\varrho_0}. \tag{4.23}$$

c_p ist die spezifische Wärme bei konstantem Druck, $\varkappa$ ist die Wärmeleitfähigkeit (beides kommt von Energiesatz und Zustandsgleichung). Da die Koeffizienten der Dispersionsrelation komplex sind, kommt es zur *Dämpfung* oder zu einer *Instabilität* (vgl. Band II, § 12,1). Es zeigt sich, daß der größte Dämpfungseinfluß von der endlichen elektrischen Leitfähigkeit herrührt. Weiter ist die Dämpfung bei schwachen Magnetfeldern größer und außerdem frequenzabhängig. Es gilt für eine Dämpfung $e^{-\beta x}$ (für $\eta=0$)

$$\beta=\frac{\omega^2\varrho_0^{3/2}\sqrt{\mu_0}}{2\sigma B_0^3}.$$

Die Diskussion [48] von (4.22) führt u. a. zu den uns schon bekannten Fällen (4.20), (4.12), (3.43), (3.42). Für $B_{0x} = B_{0y} = 0$ (kein äußeres Magnetfeld) erhält man die *Dispersionsrelation für Schallwellen* in Gasen und ungekoppelt eine zweite Relation für die *Dämpfung transversaler Schallwellen* (die an den Rändern auftreten).

Bei größeren Frequenzen (z. B. 200 MHertz in Meerwassser, $\sigma = 1\Omega^{-1}\text{m}^{-1}$, $\varepsilon = 80$) ist es notwendig, den *Verschiebungsstrom* $\varepsilon_0 \frac{\partial \varepsilon \boldsymbol{E}}{\partial t}$ zu berücksichtigen; man muß dann statt der Induktionsgleichung die vollen MAXWELL-*Gleichungen* verwenden. Mit dem gleichen Rechenverfahren ergeben sich dann komplizierte Dispersionsrelationen [48].

Nimmt man an, daß das Plasma im ungestörten Zustand strömt ($\boldsymbol{v}_0 \neq 0$), dann tritt $\boldsymbol{v}_0$ in die Dispersionsrelation ein, es kommt zu einer *Kopplung von Strömung und Wellenausbreitung* [48], vgl. auch § 10.

Bei höheren Temperaturen muß auch der Einfluß des *Strahlungsdruckes* berücksichtigt werden [49]. Auch *relativistische MHD-Wellen* wurden untersucht [50]. *Anisotropieeffekte* (insbes. HALL-*Effekt*) *bei MHD-Wellen* wurden von LIGHTHILL u. a. untersucht [51].

In der *Mehrflüssigkeitstheorie der MHD* (vgl. Band I, S. 31 und § 7.3) sind die Dispersionsrelationen noch komplizierter; eine ausgezeichnete Übersicht findet man bei LÜST [52], vgl. auch Band II.

Sind Begrenzungen (Wände, Wellenleiter) vorhanden, so treten je nach den Eigenschaften der Wände weitere Komplizierungen auf (HUGHES [48]).

4.4. Charakteristiken

Die D'ALEMBERT*sche Wellengleichung*

$$\frac{\partial^2 u}{\partial x^2} = \frac{1}{c^2} \frac{\partial^2 u}{\partial t^2} \tag{4.24}$$

besitzt bekanntlich die Lösung

$$u = f(x - ct) + g(x + ct) \tag{4.25}$$

(D'ALEMBERT-*Lösung*), wobei f und g *beliebige*, nur von den jeweiligen Rand- und Anfangsbedingungen abhängige Funktionen sind. Die zwei Kurvenscharen

$$x \pm ct = \text{const} \quad \text{bzw.} \quad kx \pm \omega t = \Psi = \text{const} \tag{4.26}$$

nennt man *Charakteristiken*. Sie sind die *Weltlinien* $x(t)$, längs der sich die Wellen gleicher Phase Ψ ausbreiten. Auch für kompliziertere partielle Differentialgleichungen und Differentialgleichungssysteme existieren derartige für den Physiker interessante Charakeristiken. Die allgemeine Theorie der Charakteristiken [53], die wir hier aus Platzmangel nicht bringen können, liefert folgende Ergebnisse.

1. *Quasilineare Differentialgleichung erster Ordnung*

Die Differentialgleichung

$$P(x, y, u) \cdot u_x + Q(x, y, u) \cdot u_y = R(x, y, u) \tag{4.27}$$

heißt *quasilinear*, da ihre Koeffizienten P, Q, R nicht nur von den unabhängigen Variablen x, y, sondern auch von der abhängigen Variablen u abhängen. Würden Glieder wie u_x^2 auftreten, so würde man die Gleichung als *nichtlinear* bezeichnen. Kommt u in den Koeffizienten nicht vor, so heißt (4.27) *linear*; kommen die Ableitungen u_x, u_y in P, Q, R vor, so ist (4.27) nicht mehr quasilinear, sondern nichtlinear.

Die Differentialgleichung (4.27) besitzt nun, wie LAGRANGE gezeigt hat, eine allgemeine Lösung von der Form $F\big(\varphi(x, y, u), \Psi(x, y, u)\big) = 0$, wobei F eine *beliebige*, nur von den Anfangsbedingungen abhängige Funktion ist und wo $\Psi(x, y, u) = a$, $\varphi(x, y, u) = b$ zwei voneinander unabhängige Lösungen der *charakteristischen Gleichung von* LAGRANGE

$$\frac{\mathrm{d}x}{P} = \frac{\mathrm{d}y}{Q} = \frac{\mathrm{d}u}{R} \quad \text{oder} \quad \frac{\mathrm{d}x}{\mathrm{d}s} = P, \quad \frac{\mathrm{d}y}{\mathrm{d}s} = Q, \quad \frac{\mathrm{d}u}{\mathrm{d}s} = R \tag{4.28}$$

sind. Für *drucklose Strömungen* gilt z. B. $u_t + u u_x = 0$, so daß $P = 1$, $Q = u$, $R = 0$ und $\varphi = x - ut = b$, $\Psi = u = a$ und $F(u, x-ut) = 0$. Bei physikalischen Problemen ist es oft möglich, die Lösung $F = 0$ in der Form $u = G(x-ut)$ zu schreiben. $x-ut = \text{const}$ sind die vom Physiker als *Charakteristiken*, von den Mathematikern als *charakteristische Grundkurven* bezeichneten ebenen Kurven. Vom Mathematiker werden die durch (4.28) gegebenen Raumkurven als Charakteristiken bezeichnet. Wie man sieht, hängen bei quasilinearen Differentialgleichungen die Charakteristiken von der unbekannten Funktion u ab; bei linearen Differentialgleichungen kommt die unbekannte Funktion in den Charakteristiken nicht vor, vgl. (4.26).

2. *Nichtlineare Differentialgleichung erster Ordnung*

Für die Differentialgleichung

$$F(x, y, u(x, y), u_x, u_y) = 0$$

lauten die *charakteristischen Gleichungen*

$$\frac{\mathrm{d}x}{F_{u_x}} = \frac{\mathrm{d}y}{F_{u_y}} = \frac{\mathrm{d}u}{u_x F_{u_x} + u_y F_{u_y}} = \frac{\mathrm{d}u_x}{-u_x F_u - F_x}$$

$$= \frac{\mathrm{d}u_y}{-u_y F_u - F_y}. \tag{4.29}$$

3. *Quasilineare Differentialgleichung zweiter Ordnung*

Wir behandeln zunächst den in der Physik oft auftretenden mit der Wellengleichung (4.24) verwandten Typ

$$a(x, t, u, u_x, u_t)\, u_{xx} + b u_{xt} + c u_{tt} + d u_x + e u_t + f = 0. \tag{4.30}$$

Die Koeffizienten a, b, c, d, e, f können alle, wie bei a angedeutet, nicht nur von den unabhängigen Variablen x, t, sondern auch von der abhängigen Variablen $u(x, t)$ und deren *ersten* Ableitungen abhängen. Würden die *zweiten* Differentialquotienten auftreten, so wäre (4.29) *nichtlinear*. (Nichtlineare Differentialgleichungen 2. Ordnung behandeln wir hier nicht, da sie sich in Systeme von quasilinearen Differentialgleichungen erster Ordnung aufspalten lassen.) Die von den Koeffizienten d, e, f unabhängige *charakteristische Gleichung* lautet

$$-\frac{\varphi_t}{\varphi_x} = \frac{\mathrm{d}x}{\mathrm{d}t} = +\frac{b}{2c} \pm \frac{1}{2c}\sqrt{b^2 - 4ac}. \qquad (4.31)$$

Die zwei Kurvenscharen $\varphi(x, t)$ oder $x(t)$ stellen die (physikalischen) *Charakteristiken* dar. (Was man mit diesen — und anderen — Charakteristiken anfängt, werden wir später besprechen, vgl. § 5 etc.) Offenbar gibt es drei verschiedene Unterfälle:

a) $b^2 - 4ac > 0$ („*hyperbolischer Typ*"), z. B. (4.24), die Charakteristiken (4.26) sind *reell*.

b) $b^2 - 4ac < 0$ („*elliptischer Typ*"), z. B. $u_{xx} + u_{yy} = 0$. Die Charakteristiken sind *komplex* und lauten $x \pm iy = \text{const}$, und $f(x + iy) + g(x - iy)$ ist eine allgemeine Lösung. (Man denke an die Methode der *konformen Abbildung*!)

c) $b^2 - 4ac = 0$ („*parabolischer Typ*"), z. B. $\alpha u_{xy} - u_{yy} = 0$ oder $u_t + \alpha u_{xx} = 0$ (*Wärmeleitungsgleichung*). Die Charakteristiken sind *reell* und lauten $x = \text{const}$, $x = -\alpha y + \text{const}$ bzw. $x = \text{const}$.

Sind a, b, c Konstante, so sind die Charakteristiken *Geraden*; sind a, b, c Funktionen von x, t (lineare Differentialgleichung), so sind die Charakteristiken *Kurven*. Bei quasilinearen Differentialgleichungen tritt wieder die unbekannte Funktion u in den Charakteristiken auf.

4. *Systeme von quasilinearen Differentialgleichungen erster Ordnung*

Man schreibt die Gleichungen meist in Matrixform,

$$\boldsymbol{A}\boldsymbol{u}_x + \boldsymbol{B}\boldsymbol{u}_y = \boldsymbol{H}, \tag{4.32}$$

wobei $\boldsymbol{u} = \begin{pmatrix} u(x, y) \\ v(x, y) \end{pmatrix}$, $\boldsymbol{A}$, $\boldsymbol{B}$ quadratische Matrizen, $u(x, y)$, $v(x, y)$ die gesuchten Funktionen sind, oder

$$\sum_{j=1}^{n} \sum_{k=1}^{m} A_{ij}^{(k)} \frac{\partial u_j}{\partial x_k} + H_i(x_k, u_j) = 0 \tag{4.33}$$

für m unabhängige Variable $x_k (k = 1 \cdots m)$ und n abhängige Variable $u_j(x_1 \cdots x_m)$ $(j = 1 \cdots n)$. Der Gleichungsindex ist $i (i = 1 \cdots n)$.

Die Differentialgleichungen für die *charakteristischen Mannigfaltigkeiten* werden durch das Nullsetzen der Determinanten gegeben:

$$\left| A \frac{\mathrm{d}y}{\mathrm{d}x} - B \right| = 0 \tag{4.34}$$

(für zwei unabhängige Variable) bzw.

$$\left| \sum_k A_{ij}^{(k)} \lambda_k \right| = 0. \tag{4.35}$$

Dabei ist

$$\lambda_k = \frac{\partial \varphi}{\partial x_k}, \tag{4.36}$$

und $\varphi(x_1 \cdots x_m) = \text{const}$ stellt die charakteristische Mannigfaltigkeit dar: bei *mehr als zwei unabhängigen* Variablen $(m > 2)$ sind die Charakteristiken *räumliche* bzw. *flächenhafte* Gebilde. Bei *mehr als einer abhängigen* Variablen führt man die charakteristischen Kurven als neue Koordinaten ein. Die Transformation der ursprünglichen Gleichungen (4.32) auf diese Koordinaten liefert die sogenannten *Verträglichkeitsbedingungen*

$$\boldsymbol{C}(\boldsymbol{u}_x + \boldsymbol{y}'\boldsymbol{u}_y) - \boldsymbol{D} = 0\,, \tag{4.37}$$

wobei $\boldsymbol{C} = \boldsymbol{T}\boldsymbol{A}$, $\boldsymbol{D} = \boldsymbol{T}\boldsymbol{H}$ und die Elemente der Matrix $\boldsymbol{T}$ aus der Bedingung $\boldsymbol{T}\boldsymbol{B} = \boldsymbol{y}'\boldsymbol{T}\boldsymbol{A}$ bestimmt werden. $\boldsymbol{y}'$ folgt aus (4.34).

Für mehr als 2 unabhängige Variable ($m > 2$) stellt (4.35) eine partielle Differentialgleichung von erster Ordnung und dem Grad n dar, die selbst wieder mit der Charakteristikenmethode gelöst werden kann.

Die Verträglichkeitsbedingungen lauten in diesem Fall

$$\sum_{j,k} C_{lj}^{(k)} \frac{\partial u_j}{\partial x_k} + D_l = 0, \tag{4.38}$$

wobei $C_{lj}^{(k)} = \sum_i T_{li} A_{ij}^{(k)}$, $D_l = \sum_i T_{li} H_i$ und die T_{li} aus

$$\sum_{i,k} T_{li} A_{ij}^{(k)} \frac{\partial \varphi}{\partial x_k} = 0 \tag{4.39}$$

bestimmt werden. Wir können jedoch aus Platzmangel leider auf diese Methoden nicht ausführlicher eingehen. Wir werden jedoch später Anwendungsbeispiele behandeln.

4.5. *Charakteristiken in der idealen MHD*

Charakteristikenverfahren und numerische Computermethoden sind praktisch die einzigen Methoden, mit denen man allgemeinere MHD-Probleme lösen kann. Es wurden daher schon sehr frühzeitig die *Charakteristiken der MHD* aufgesucht [54]. Zur besseren Übersicht und um die Charakteristiken als Kurven $\varphi(x, t) = \text{const}$ zu erhalten, beschränken wir uns auf den Spezialfall $\dfrac{\partial}{\partial y} = \dfrac{\partial}{\partial z} = 0$. (Wie Sauerwein gezeigt hat [54], wird dadurch die Allgemeinheit nicht eingeschränkt.) Es hängen damit die Lösungen der MHD-Gleichungen nur von $\varphi = \varphi(x, t)$ ab, vgl. (4.25). Solche Lösungen nennt man *einfache Wellen* („*simple waves*“) oder RIEMANN-*Wellen.*

Wir betrachten die LUNDQUIST-*Gleichungen* (1.1), (1.2), (1.17), (1.25) für ein ideales Plasma. Mit $\frac{\partial}{\partial y} = \frac{\partial}{\partial z} = 0$, $x_1 = x$, $x_2 = t$ und

$$\varrho = u_1,\ v_x = u_2,\ v_y = u_3,\ v_z = u_4,\ B_x = u_5,\ B_y = u_6,\ B_z = u_7,$$

$$p = u_8 \tag{4.40}$$

lauten diese (die Kommas bezeichnen die Ableitung):

$$\begin{aligned}
&1.\ u_{1,2} + u_2 u_{1,1} + u_1 u_{2,1} &&= 0\\
&2.\ u_1 u_{2,2} + u_1 u_2 u_{2,1} + u_{8,1} + \frac{1}{\mu_0} u_6 u_{6,1} + \frac{1}{\mu_0} u_7 u_{7,1} &&= 0\\
&3.\ u_1 u_{3,2} + u_1 u_2 u_{3,1} - \frac{1}{\mu_0} u_5 u_{6,1} &&= 0\\
&4.\ u_1 u_{4,2} + u_1 u_2 u_{4,1} - \frac{1}{\mu_0} u_5 u_{7,1} &&= 0\\
&5.\ u_{5,2} &&= 0\\
&6.\ u_{6,2} + u_2 u_{6,1} - u_5 u_{3,1} + u_6 u_{2,1} &&= 0\\
&7.\ u_{7,2} + u_2 u_{7,1} - u_5 u_{4,1} + u_7 u_{2,1} &&= 0\\
&8.\ u_{8,2} + u_2 u_{8,1} - \gamma \frac{u_8}{u_1} u_{1,2} - \gamma \frac{u_8}{u_1} u_{1,1} &&= 0
\end{aligned} \tag{4.41}$$

Die letzte Gleichung des Systems (4.41) ist die nach t differenzierte Adiabatengleichung (1.25), die wir durch die Operation $\frac{\mathrm{d}}{\mathrm{d}t} = \frac{\partial}{\partial t} + v_x \frac{\partial \cdot}{\partial x}$ in eine Differentialgleichung verwandelten. Vergleicht man nun (4.41) mit (4.33), so kann man die Matrixelemente $A_{ij}^{(k)}$ ablesen. Die sich ergebende Determinante 8. Grades ist recht kompliziert [54]. Zur Erleichterung der Rechnung geht man daher wie folgt vor. Die Gleichung 5 des Systems (4.41) liefert den vor die Determinante herausziehbaren Faktor λ_2, der $\lambda_2 = \frac{\partial \varphi}{\partial t} = 0$, also $\varphi = \text{const}$ liefert. Das System (4.41) liefert aber Lösungen, die $\operatorname{div} \boldsymbol{B} = 0$ nicht erfüllen (GRAD [54]). Nimmt man $\operatorname{div} \boldsymbol{B} = 0$, also $\frac{\partial B_x}{\partial x} = 0$, zum System (4.41) hinzu, so verliert man die Lösung $\lambda_2 = 0$, doch kann man dann wegen $\frac{\partial B_x}{\partial x} = 0$, $\frac{\partial B_x}{\partial t} = 0$ (laut Gleichung 5 des Systems (4.41)) $B_x = \text{const} = B_{x0}$ setzen. Man hat dann nur mehr sieben Differentialgleichungen. Kann man annehmen, daß an Stelle von Gl. 8 des Systems (4.41), die ja wegen (1.25) ausdrückt, daß die Entropie längs jeder Stromlinie konstant ist, also $\frac{\partial S}{\partial t} + (\boldsymbol{v} \nabla)\, S = 0$ ist, die Konstanz von S im ganzen Bereich gilt, dann kann man Gleichung 8 des Systems (4.41) weglassen, d. h. durch $S = \text{const}$ ersetzen.

Man verliert dann die Lösung $\frac{\partial \varphi}{\partial t} + (\boldsymbol{v} \nabla)\, \varphi = 0$ (d. h. in unserem Fall $\lambda_2 + \lambda_1 u_2 = 0$ oder $u_2 = -\frac{\lambda_2}{\lambda_1} = \frac{\mathrm{d}x}{\mathrm{d}t} = v_x$, d. h., die Charakteristiken fallen mit den *Stromlinien* zusammen), hat aber nur mehr 6 Gleichungen und 6 Unbekannte u_1 bis u_6 ($B_y = u_5$, $B_z = u_6$).

Diese Gleichungen erhalten wir aus (4.41) durch Weglassen von 5. und 8., durch Umnumerieren sowie nach Division durch $u_1 = \varrho$ und mit Verwendung von (1.6) und (4.23) sowie der aus (1.6) und (1.25) folgenden Beziehung

$$a^2 = \left(\frac{\mathrm{d}p}{\mathrm{d}\varrho}\right)_S, \qquad \nabla p = a^2 \nabla \varrho \tag{4.42}$$

in der Form

$$1.\ \frac{1}{u_1} u_{1,2} + \frac{u_2}{u_1} u_{1,1} + u_{2,1} = 0, \tag{4.43}$$

$$2.\ u_{2,2} + u_2 u_{2,1} + \frac{a^2}{u_1} u_{1,1} + \frac{\sqrt{\mu_0 u_1}}{\mu_0 u_1} c_{Ay} u_{5,1}$$

$$+ \frac{\sqrt{\mu_0 u_1}}{\mu_0 u_1} c_{Az} u_{6,1} = 0,$$

$$3.\ u_{3,2} + u_2 u_{3,1} - \frac{\sqrt{\mu_0 u_1}}{\mu_0 u_1} c_{Ax} u_{5,1} = 0,$$

$$4.\ u_{4,2} + u_2 u_{4,1} - \frac{\sqrt{\mu_0 u_1}}{\mu_0 u_1} c_{Ax} u_{6,1} = 0,$$

$$5.\ u_{5,2} + u_2 u_{5,1} - \sqrt{\mu_0 u_1} \cdot c_{Ax} u_{3,1} + \sqrt{\mu_0 u_1} \cdot c_{Ay} u_{2,1} = 0,$$

$$6.\ u_{6,2} + u_2 u_{6,1} - \sqrt{\mu_0 u_1} \cdot c_{Ax} u_{4,1} + \sqrt{\mu_0 u_1} \cdot c_{Az} u_{2,1} = 0. \tag{4.43}$$

Wir lesen nun die Matrixelemente $A_{ij}^{(k)}$ ab und setzen in (4.35) ein. Dividiert man die Determinante durch λ_1^6 und führt man nach (4.36), (4.31) durch

$$c_{\text{Char}} = -\left(u_2 + \frac{\lambda_2}{\lambda_1}\right) = \frac{\mathrm{d}x}{\mathrm{d}t} (\mp) v_x \tag{4.44}$$

die *Relativgeschwindigkeit* c zwischen Welle und dem mit v_x strömenden Plasma ein, so erhält man mit der Abkürzung

$$c_A^2 = c_{Ax}^2 + c_{Ay}^2 + c_{Az}^2 \tag{4.45}$$

durch das Nullsetzen der Determinante nach (4.35) die *charakteristische Gleichung*

$$\left(c_{\text{Char}}^2 - c_{Ax}^2\right)\left(c_{\text{Char}}^4 - a^2 c_{\text{Char}}^2 + a^2 c_{Ax}^2 - c_{\text{Char}}^2 c_A^2\right) = 0. \tag{4.46}$$

Berücksichtigt man die etwas anderen räumlichen Verhältnisse, (4.23) und $a_0^2 \to a^2$ (da wir jetzt exakt rechnen und nicht vom Ruhzustand ausgehen) sowie (4.16) und (3.42), so sieht man, daß im *dissipationsfreien Plasma die Dispersionsrelation für kleine Störungen und die charakteristische Gleichung gleich sind.* Die Charakteristiken beschreiben demnach die räumlich-zeitliche Ausbreitung von Störungen, c_{Char} nach (4.44) fällt mit der Phasengeschwindigkeit c einer Welle nach (4.16) zusammen.

Wir erhalten die *reellen* Charakteristiken mit den Steigungen

$$c_{\text{Char}} = \pm\, c_{\text{A}x},\ \pm\, c_f,\ \pm\, c_s \quad \text{bzw.}$$

$$\frac{\lambda_2}{\lambda_1} = u_2 \pm c_{\text{A}x},\ u_2 \pm c_f,\ u_2 \pm c_s. \tag{4.47}$$

Man kann übrigens (s. z. B. Jeffrey [54]) rein formal die Charakteristiken auch dadurch gewinnen, daß man durch Einführung von $\frac{\partial x}{\partial t} = -\frac{\lambda_2}{\lambda_1}$, $c_{\text{Char}} = \frac{\partial x}{\partial t} \pm v_x$ die Grundgleichungen sofort in die *Verträglichkeitsbedingungen* umformt.

Aus $\frac{\partial \varrho}{\partial t} + v_x \frac{\partial \varrho}{\partial x} + \varrho \frac{\partial v_x}{\partial x} = 0$ wird dann durch formale Multiplikation mit $\partial x : c\, \partial\varrho + \varrho\, \partial v_x = 0$. Man erhält dann 6 homogene Gleichungen für $\partial\varrho$, ∂v_x etc. Damit diese eine Lösung besitzen, muß die Koeffizientendeterminante (die genau mit (4.35) übereinstimmt) verschwinden. Aus der Gleichung $\frac{\partial S}{\partial t} + v_x \frac{\partial S}{\partial x} = 0$ folgt mit diesem Verfahren sofort $c_{\text{Char}}\, \partial S = 0$, d. h., die Flächen $S = \text{const}$, die sog. *Entropiewellen*, haben die *Phasengeschwindigkeit Null.*

Für dreidimensionale Probleme erhält man völlig analoge Formeln [54] wie für die einfachen Wellen. Die *charakteristische Gleichung* lautet $\left(\Phi' = \Phi_t + \boldsymbol{v} \nabla \Phi,\ \boldsymbol{c}_{\text{A}} = \frac{1}{\sqrt{\mu_0 \varrho}} \boldsymbol{B}\right)$

$$\Phi_t \Phi' [(\Phi')^2 - (\boldsymbol{c}_{\text{A}} \nabla \Phi)^2] [(\Phi')^4 - (a^2 + c_{\text{A}}^2)(\Phi')^2 (\nabla \Phi)^2 + a^2 (\boldsymbol{c}_{\text{A}} \nabla \Phi)^2 (\nabla \Phi)^2] = 0. \tag{4.48}$$

Auf den charakteristischen Gleichungen baut man für stationäre und instationäre, für räumlich mehr- und eindimensionale Probleme numerische und graphische Lösungsverfahren auf [55], vgl. §§ 5, 6.1 und 7.

4.6. Charakteristiken in der realen MHD

Versucht man, die Theorie der Charakteristiken auf ein Plasma endlicher Leitfähigkeit σ anzuwenden, so ergeben sich schon bei $\varkappa = 0, \eta = 0, \eta' = 0$ und isentropischem Verhalten (Vernachlässigung der Joule-*Wärme* im Energiesatz) schwierige mathematische Probleme. Je nach dem gewählten Spezialfall werden die Charakteristiken:

a) *Im eindimensionalen instationären Fall* [56]:

Art 1: $\frac{\mathrm{d}x}{\mathrm{d}t} = -\frac{\varphi_t}{\varphi_x} = u$ (Stromlinien, treten immer auf), (4.49)

Art 2: $\varphi_x = 0, t = \mathrm{const}$ (unendliche Ausbreitungsgeschwindigkeit). (4.50)

Diese parabolische (entartete) Charakteristik tritt *immer* dann auf, wenn eine der drei Größen η, $\varkappa$, $\frac{1}{\sigma}$ von Null verschieden ist. Die 3. Art ist

$$\frac{\mathrm{d}x}{\mathrm{d}t} = -\frac{\varphi_t}{\varphi_x} = v_x \pm a \quad \text{oder} \quad v_x \pm a^* \quad \text{oder} \quad a_{is}, \tag{4.51}$$

wobei $a^{*2} = \frac{\mathrm{d}p^*}{\mathrm{d}\varrho}$, p^* s. (2.33), und $a_i = \sqrt{\mathrm{R}T}$ ist die isotherme Schallgeschwindigkeit. Die entartete Charakteristik $\varphi_x = 0$ verhindert es, mit den Charakteristiken eines dissipativen instationären Plasmas zu arbeiten.

Tritt Dissipation auf, so fallen demnach charakteristische Gleichung und Dispersionsrelation *nicht* mehr zusammen. Die *charakteristische Geschwindigkeit* c_{Char}, die im dissipationsfreien Fall mit der Phasengeschwindigkeit c der linearen Wellen identisch war, wird im dissipativen Fall (bei $\eta = 0$) zur Gruppengeschwindigkeit c_G (4.21) der Wellen [58].

b) Im zweidimensionalen stationären Fall [57] werden die Charakteristiken *komplex*, vgl. § 6.

§ 5. Stationäre Strömung eines idealen kompressiblen Plasmas

5.1. Potentialströmung

Unsere vorangegangenen Überlegungen zeigten, daß mehrere Voraussetzungen gegeben sein müssen, damit in einem *idealen Plasma* ($\sigma = \infty$, $\sigma = 0$, $\eta' = 0$, $\varkappa = 0$) eine *Potentialströmung* auftritt, d. h., daß (2.22) gilt. Wir fassen diese Voraussetzungen und ihre Folgen zusammen:

1. *ideales Plasma*, d. h. *Isentropie*, vgl. S. 12
2. *Potentialbedingung* (2.15), d. h. $(\boldsymbol{B}\nabla)\,\boldsymbol{B} = 0$, vgl. (2.18)
3. $B/\varrho = \text{const}$, (2.32)
4. *Transversalströmung* $\boldsymbol{v} \perp \boldsymbol{B}$, *ebene Strömung*, vgl. S. 23

Um Platz und Wiederholungen zu sparen, leiten wir nun die *Potentialgleichung* (d. h. die das *Geschwindigkeitspotential* φ bestimmende partielle Differentialgleichung) in Vektorschreibweise ab. Wir müssen aber beachten, daß die Vektoren die Gestalt

$$\boldsymbol{B} = (0, 0, \boldsymbol{B}_z), \qquad \boldsymbol{v} = (v_x, v_y, 0) \tag{5.1}$$

haben und daß

$$p = p(x, y), \quad \varrho = p(x, y), \quad v_x = v_x(x, y), \quad v_y = v_y(x, y). \tag{5.2}$$

Wir gehen von der *instationären* BERNOULLI-*Gleichung* (2.28) aus und schreiben diese unter Verwendung von (2.31) und (2.33) in der Form

$$-\frac{\partial \varphi}{\partial t} + \int \frac{\mathrm{d}p^*}{\varrho} + V + \frac{v^2}{2} = \text{const}. \tag{5.3}$$

(Die Zeitfunktion $F(t)$ kann man, wie eingehendere Untersuchungen zeigen, ohne Verlust an Allgemeinheit gleich const setzen.)

Wir definieren nun eine *Phasengeschwindigkeit magnetoakustischer Wellen* („*effektive*" *Schallgeschwindigkeit*) durch

$$a^{*2} = \frac{\mathrm{d}p^*}{\mathrm{d}\varrho} \tag{5.4}$$

und erhalten mit (2.33), (2.32) und (1.25)

$$a^{*2} = \frac{\gamma p}{\varrho} + \frac{2 p_m}{\varrho} = a^2 + c_A^2, \tag{5.5}$$

wobei schließlich noch (4.5) und (2.31), (3.36) benutzt wurden.

Man bemerkt, daß (5.5) mit (4.18) übereinstimmt. Mit (2.22) und (5.5) kann man nun (5.2) in der Form

$$-\frac{\partial \varphi}{\partial t} + \int \frac{a^{*2}\,\mathrm{d}\varrho}{\varrho} + V + \frac{1}{2}(\nabla\varphi)^2 = \text{const} \tag{5.6}$$

schreiben. Mit (5.5), (1.25) und (2.31) kann man das Integral leicht auswerten und erhält

$$-\frac{\partial \varphi}{\partial t} + \frac{a^2}{\gamma - 1} + c_A^2 + V + \frac{1}{2}(\nabla\varphi)^2 = \text{const}. \tag{5.7}$$

Wenn man nun (5.6) einmal nach der Zeit und einmal räumlich differenziert [59], so erhält man $\left(\text{mit } \frac{\partial V}{\partial t} = 0\right)$

$$\frac{1}{\varrho}\frac{\partial \varrho}{\partial t} = \frac{1}{a^{*2}}\left(\frac{\partial^2 \varphi}{\partial t^2} - \frac{1}{2}\frac{\partial}{\partial t}(\nabla\varphi)^2\right)$$

und

$$\frac{\nabla \varrho}{\varrho} = \frac{1}{a^{*2}} \nabla \left(\frac{\partial \varphi}{\partial t} - \frac{1}{2} (\nabla \varphi)^2 - V \right).$$

Setzt man beide Ausdrücke und (2.22) in die Kontinuitätsgleichung (1.1) ein, so kann man in dieser alle Größen durch φ ausdrücken. Bei Spezialisierung auf den zwei- bzw. eindimensionalen Gradienten ∇ erhält man [59] die *Potentialgleichung für die stationäre zweidimensionale Plasmaströmung*

$$\varphi_{xx}\left(a^{*2} - \varphi_x^2\right) + \varphi_{yy}\left(a^{*2} - \varphi_y^2\right) - 2\varphi_{xy}\varphi_x\varphi_y = \varphi_x V_x + \varphi_y V_y \tag{5.8}$$

und die *Potentialgleichung für die instationäre eindimensionale Plasmaströmung*

$$\varphi_{xx}\left(a^{*2} - \varphi_x^2\right) + 2\varphi_x\varphi_{xt} - \varphi_{tt} = \varphi_x V_x. \tag{5.9}$$

Diese Gleichungen können auch als Potentialgleichungen eines speziellen Gases ohne Magnetfeld aufgefaßt und nach den Methoden der Gasdynamik behandelt werden [59].

Wendet man auf diese Potentialgleichungen das im § 4.4 unter Punkt 3 besprochene Charakteristikenverfahren an, so erhält man für die Charakteristiken von (5.8) und (5.9) Ausdrücke, die φ_x und φ_y bzw. φ_t enthalten. (Diese Ausdrücke sind ein Spezialfall von (4.48).) Um z. B. (5.8) mit Hilfe des Charakteristikenverfahrens zu lösen, müssen demnach zu Beginn der Rechnung schon Näherungswerte für φ bzw. φ_x zur Verfügung stehen. Es stehen heute solche Aufgaben lösende *Iterationsverfahren* für Computer zur Verfügung. Wir wollen jedoch einen anderen schon in der Gasdynamik bewährten Weg gehen.

5.2. Zweidimensionale stationäre Potentialströmung

Die am Schluß des letzten Abschnittes besprochene Schwierigkeit rührt daher, daß die Potentialgleichungen (5.8) und (5.9) *quasilinear* sind. Wären sie linear, dann würden ihre Charakteristiken nicht vom Potential φ abhängen. Wenn nur *zwei* unabhängige Variable betrachtet werden, dann ist es möglich, die Potentialgleichung durch eine LEGENDRE-*Transformation* zu *linearisieren* [60]. (Bezüglich der Einzelheiten der Rechnung vergleiche § 6.1.)

Wir wählen die alten abhängigen Variablen

$$v_x = -\frac{\partial\varphi}{\partial x} = u, \qquad v_y = -\frac{\partial\varphi}{\partial y} = v \tag{5.10}$$

als neue Variable und das neue Potential

$$\Phi = \Phi(u, v) \quad \text{mit} \quad \Phi_u = x, \ \Phi_v = y \tag{5.11}$$

$\big($*Potential in der Geschwindigkeitsebene* $(u, v)\big)$. Wir erhalten dann

$$\varphi_x = -u, \ \varphi_y = -v, \ \varphi_{xx} = \frac{\Phi_{vv}}{D}, \quad \varphi_{yy} = \frac{\Phi_{uu}}{D},$$

$$\varphi_{xy} = -\frac{\Phi_{uv}}{D}, \quad D = \Phi_{uu}\Phi_{vv} - \Phi_{uv}^2$$

und statt (5.8) bei $V = 0$ (Vernachlässigung der Schwere) die *Potentialgleichung in der Geschwindigkeitsebene*

$$\Phi_{vv}\left(1 - \frac{u^2}{a^{*2}}\right) + \Phi_{uu}\left(1 - \frac{v^2}{a^{*2}}\right) + 2\,\Phi_{uv}\frac{uv}{a^{*2}} = 0\,. \tag{5.12}$$

Das ist eine *lineare* Differentialgleichung, deren Charakteristiken demnach *nicht* von Φ und seinen Ableitungen *abhängen*. Für $c_A = 0$ wird $a^* = a$, und man erhält die aus der Gasdynamik bekannten Charakteristiken [55]. Um diese Analogie zu wahren und ein dem PRANDTL-BUSEMANN-*Verfahren der Gasdynamik* entsprechendes Charakteristikenverfahren aufzubauen, führen wir in (5.12) in der Geschwindigkeitsebene (u, v) Polarkoordinaten ein: $u = w \cos \vartheta$, $v = w \sin \vartheta$. Damit ergibt sich als Differentialgleichung der Charakteristiken von (5.12)

$$\frac{d\vartheta}{dw} = \pm \frac{1}{w} \sqrt{\frac{w^2}{a^{*2}} - 1}\,. \tag{5.13}$$

Für $w > a^*$ (*magnetische Überschallströmung*) sind die Charakteristiken *reell*, und man kann auf ihnen ein graphisches Lösungsverfahren aufbauen [60]. Für $w < a^*$ (*magnetische Unterschallströmung*) sind die Charakteristiken *komplex*; ein graphisches Verfahren ist dann nicht möglich, man muß ein numerisches Verfahren der Art, wie sie in der Gasdynamik verwendet werden, heranziehen [55].

Die Charakteristiken nach (5.13) wurden für verschiedene Ruhzustände des Plasmas numerisch berechnet und graphisch dargestellt [60]. Der Einfluß des Magnetfeldes auf die Ausströmung eines Plasmas aus einer Düse wird dann deutlich sichtbar, vgl. Abb. 5 und 14 (S. 113).

Bei manchen Problemen (insbes. beim Übergang von der magnetischen Unterschall- zur Überschallströmung) erweisen sich auch *Variationsverfahren* als vorteilhaft [60].

Für zweidimensionale stationäre Strömungen eines idealen Plasmas, die *nicht* Potentialströmungen sind, steht im wesentlichen nur die numerische Integration der LUNDQUIST-*Gleichungen* durch Computer sowie Näherungsverfahren als Lösungsmethode zur Verfügung [61].

Mit solchen Methoden wurden meist die Aussagen der *Flug-Magnetohydrodynamik* gewonnen [62].

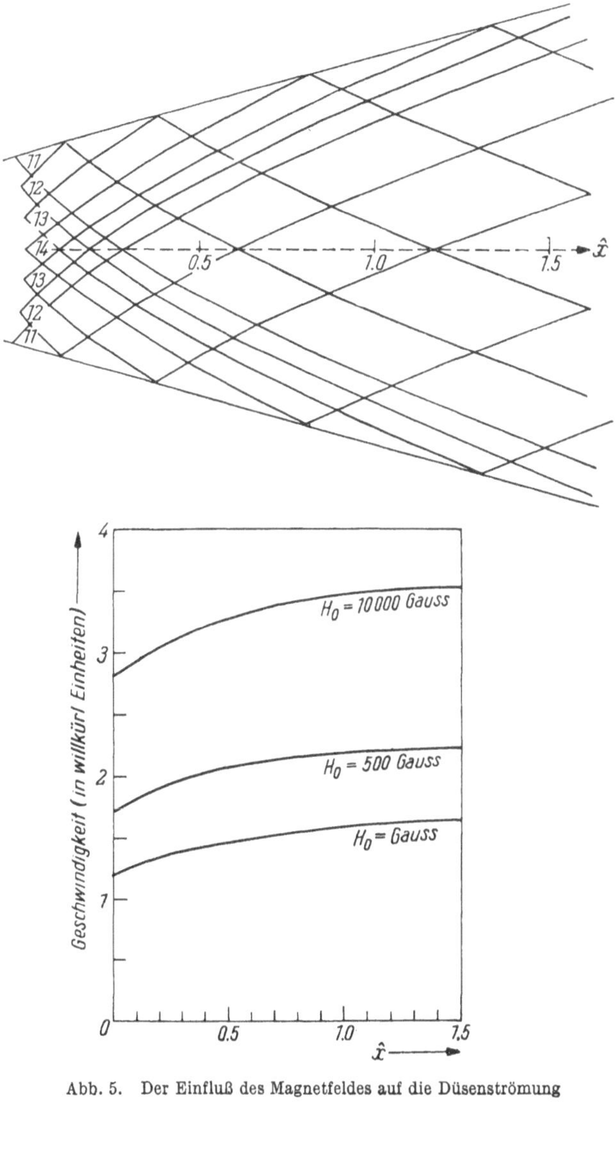

Abb. 5. Der Einfluß des Magnetfeldes auf die Düsenströmung

5.3. *Kompressible Parallelströmung*

Auch bei der kompressiblen Strömung eines idealen Plasmas ($\sigma = \infty$) gibt es den Spezialfall der *Parallelströmung*. In Analogie zu (3.32) setzen wir an

$$\boldsymbol{B} = \lambda \varrho \boldsymbol{v} . \tag{5.14}$$

Geht man mit diesem Ansatz in (1.12) ein und beachtet (1.1), so erhält man (für stationäre Vorgänge)

$$\boldsymbol{v} \cdot \operatorname{grad} \lambda = 0 , \tag{5.15}$$

also in Übereinstimmung mit (3.36) die *Konstanz von λ längs der Stromlinien*. (Auch aus (1.17) läßt sich für $\sigma = \infty$ dieses Resultat bestätigen.) Die weitere Rechnung verläuft jedoch etwas anders als in § 3.5.

Geht man mit (5.14) in die Bewegungsgleichung (1.2) ein, so erhält man mit $\frac{\partial}{\partial t} = 0$ und mit (2.7), (4.5), (5.15)

$$\frac{\nabla v^2}{2} + [\operatorname{rot} \boldsymbol{v} \times \boldsymbol{v}] + \frac{a^2 \nabla \varrho}{\varrho} = \frac{\lambda^2}{\mu_0} [\operatorname{rot} (\varrho \boldsymbol{v}) \times \boldsymbol{v}] . \tag{5.16}$$

Multipliziert man dies skalar mit $\boldsymbol{v}$, so verschwinden die skalaren Produkte mit den Kreuzprodukten (da $\boldsymbol{v} \perp [\boldsymbol{v} \times \boldsymbol{v}]$). Man erhält dann (obwohl keine Potentialströmung vorliegt! – das gibt es *nur* in der MHD) die Gültigkeit der BERNOULLI-*Gleichung längs einer Stromlinie*

$$\boldsymbol{v} \left(\frac{\nabla v^2}{2} + \frac{a^2 \nabla \varrho}{\varrho} \right) = 0 . \tag{5.17}$$

(Geht man von einem homogenen Anfangszustand aus, dann sagen (5.15) und (5.17) aus, daß λ im ganzen Bereich konstant ist und daß überall die BERNOULLI-

Gleichung gilt.) Wir schreiben nun (5.16) in der Form

$$\left[\left(\operatorname{rot} \boldsymbol{v} - \frac{\lambda^2}{\mu_0} \operatorname{rot}(\varrho \boldsymbol{v})\right) \times \boldsymbol{v}\right] = 0 .$$

Da $\boldsymbol{v} = 0$ uninteressant ist, folgt mit (5.14) für einen homogenen Anfangszustand (λ überall konstant)

$$\operatorname{rot} \boldsymbol{v} \cdot \left(1 - \frac{\lambda^2 \varrho}{\mu_0}\right) - \frac{\lambda^2}{\mu_0} [\operatorname{grad} \varrho \times \boldsymbol{v}] + [\operatorname{grad} 1 \times \boldsymbol{v}] = 0 .$$

Da grad 1 = 0, konnte der letzte Term einfach hinzugefügt werden. Faßt man zusammen, so erhält man

$$\operatorname{rot} \boldsymbol{v} \cdot \left(1 - \frac{\lambda^2 \varrho}{\mu_0}\right) + \operatorname{grad}\left(1 - \frac{\lambda^2 \varrho}{\mu_0}\right) \times \boldsymbol{v} = 0$$

$$= \operatorname{rot}\left[\boldsymbol{v}\left(1 - \frac{\lambda^2 \varrho}{\mu_0}\right)\right]. \tag{5.18}$$

Da somit die Rotation des Vektors $\boldsymbol{v}\left(1 - \frac{\lambda^2 \varrho}{\mu_0}\right) = \boldsymbol{v}\left(1 - \frac{B^2}{\varrho \mu_0 \boldsymbol{v}^2}\right)$, d. h. aber nach (3.36) $\boldsymbol{v}\left(1 - \frac{c_A^2}{v^2}\right)$ verschwindet, läßt sich der Vektor $\boldsymbol{u}$ durch den Gradienten eines *Pseudopotentials* darstellen:

$$\boldsymbol{u} = \boldsymbol{v}\left(1 - \frac{c_A^2}{v^2}\right) = - \operatorname{grad} \Psi . \tag{5.19}$$

Definiert man nun eine neue Dichte

$$\varrho^* = \frac{\varrho}{1 - \frac{c_A^2}{v^2}} = \frac{\varrho}{1 - \frac{\lambda^2 \varrho}{\mu_0}}, \tag{5.20}$$

so erkennt man, daß die *stationäre Parallelströmung eines kompressiblen idealen Plasmas durch die stationäre kom-*

pressible Potentialströmung eines gedachten Mediums mit der Dichte ϱ^*, *dem Druck* p^* *und der Geschwindigkeit* $\boldsymbol{u}$ *beschrieben werden kann* (vgl. § 3,5). Man erhält

$$\operatorname{div}(\varrho \boldsymbol{v}) = 0 \rightarrow \operatorname{div}(\varrho^* \boldsymbol{u}) = 0,$$

$$\operatorname{rot}\left[\boldsymbol{v} \cdot \left(1 - \frac{c_A^2}{v^2}\right)\right] \rightarrow \operatorname{rot} \boldsymbol{u} = 0,$$

$$\varrho(\boldsymbol{v}\nabla)\,\boldsymbol{v} + \nabla p - \frac{1}{\mu_0}[\operatorname{rot} \boldsymbol{B} \times \boldsymbol{B}] = 0 \rightarrow$$
$$\varrho^*(\boldsymbol{u}\nabla)\,\boldsymbol{u} + \nabla p^* = 0. \tag{5.21}$$

(*Transformation von* PEYERET, WALKER *und* GRAD [63].)

Aus der Bewegungsgleichung (5.21) läßt sich wegen $\operatorname{rot} \boldsymbol{u} = 0$ und mit der Definition einer von (5.4) abweichenden *Phasengeschwindigkeit magnetoakustischer Wellen*

$$a^{+2} = \frac{\mathrm{d}p^*}{\mathrm{d}\varrho^*} \tag{5.22}$$

sofort eine (mit (5.17) äquivalente!) BERNOULLI-*Gleichung* ableiten:

$$\frac{\nabla \varrho^*}{\varrho^*} = -\frac{1}{2a^{+2}} \nabla (\nabla \Psi)^2. \tag{5.23}$$

Setzt man dies in die Kontinuitätsgleichung (5.21) ein, so erhält man die *Pseudopotentialgleichung der kompressiblen Parallelströmung*:

$$\Psi_{xx}\left(a^{+2} - \Psi_x^2\right) + \Psi_{yy}\left(a^{+2} - \Psi_y^2\right) - 2\,\Psi_x \Psi_y \Psi_{xy} = 0. \tag{5.24}$$

Für $V = 0$ stimmt dies formal mit (5.8) überein, so daß zur Lösung von (5.24) die gleichen Methoden wie für (5.8) verwendet werden können. Es bleibt uns nur noch, a^+ zu bestimmen ($a^+ \neq a^*$). a^+ kann man entweder aus der Definition (5.22) oder durch den Vergleich der beiden Formen (5.23) und (5.17) der BERNOULLI-*Gleichung* gewinnen.

Man erhält auf dem zweiten Weg (der es erspart, eine Zustandsgleichung $p^*(\varrho^*)$ abzuleiten — (2.32) gilt ja nicht!) den Ausdruck [64]

$$a^{+2} = \left(1 - \frac{c_A^2}{v^2}\right)^2 \left(a^2 + c_A^2 - \frac{a^2 c_A^2}{v^2}\right). \tag{5.25}$$

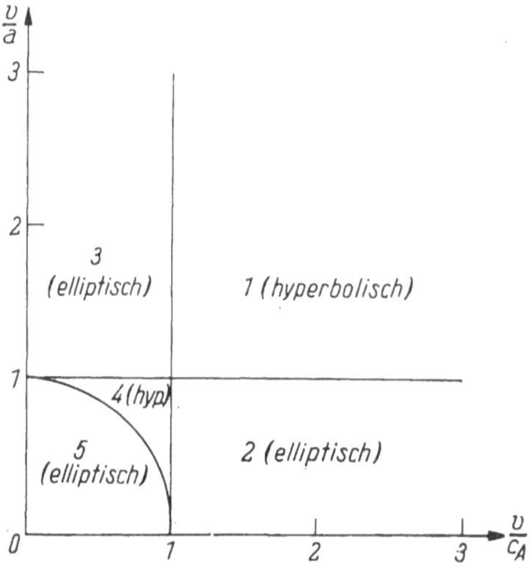

Abb. 6. Typen der kompressiblen Parallelströmung

Je nachdem, welches Vorzeichen in (5.24) der Koeffizient $(a^{+2} - \Psi_x^2) \equiv \left(a^{+2} - v_x \left(1 - \frac{c_A^2}{v^2}\right)\right)$ besitzt, unterscheiden wir verschiedene Fälle, vgl. Abb. 6:

Fall 1: $\frac{v}{c_A} > 1$, $\frac{v}{a} > 1$, $\left(\frac{v}{c_A}\right)^2 + \left(\frac{v}{a}\right)^2 > 1$, hyperbolischer Typ, reelle Charakteristiken, (5.21) entspricht der Überschallströmung des gedachten Mediums; es entstehen MACH-*Wellen* stromabwärts von einem Profil.

Fall 2: $\frac{v}{c_A} > 1$, $\frac{v}{a} < 1$, elliptischer Typ, komplexe Charakteristiken, keine MACH-*Wellen*, Unterschallströmung.

Fall 3: $\frac{v}{c_A} < 1$, $\frac{v}{a} > 1$, elliptischer Typ, Unterschallströmung eines Gases mit $-\varrho^*$, $-\boldsymbol{u}$.

Fall 4: $\frac{v}{c_A} < 1$, $\frac{v}{a} < 1$, $\left(\frac{v}{c_A}\right)^2 + \left(\frac{v}{a}\right)^2 > 1$, hyperbolischer Typ, MACH-*Wellen*, entsprechend der langsamen magnetoakustischen Welle, erstrecken sich vom Profil ***stromaufwärts***. Entspricht Überschallströmung von (5.21) in der Richtung $-\boldsymbol{u}$. Derartige ***stromaufwärts*** laufende Wellen gibt es in der Gasdynamik nicht; sie sind eine Spezialität der MHD.

Fall 5: $\left(\frac{v}{c_A}\right)^2 + \left(\frac{v}{a}\right)^2 < 1$, elliptischer Typ, ohne gasdynamisches Analogon.

Die praktische Lösung von Parallelströmungsproblemen erfolgt oft in linearisierter Näherung.

5.4. Linearisierte Probleme

Infolge der mathematischen Kompliziertheit der MHD-Grundgleichungen untersuchte man schon frühzeitig die Möglichkeit einer Näherungslösung [65]. Wenn sich der Querschnitt des Strömungskanals oder des umströmten Körpers nur wenig ändert (vgl. Abb. 7), dann sind die *Querkomponenten* $\overline{\boldsymbol{v}}$ der Geschwindigkeit klein, und ihre Quadrate können vernachlässigt werden. Ist der *Kanalquerschnitt* $A(x)$ langsam veränderlich, dann kann man die

Querkomponenten der Geschwindigkeit überhaupt vernachlässigen und praktisch eindimensional rechnen [66] (*quasieindimensionale Strömung*, *Fadenströmung*).

Zum Zwecke der *Linearisierung* machen wir den Ansatz

$$\boldsymbol{v} = \boldsymbol{v}_0 + \overline{\boldsymbol{v}}, \quad \boldsymbol{B} = \boldsymbol{B}_0 + \overline{\boldsymbol{B}}, \quad \Psi = \Psi_0 + \overline{\Psi}, \quad \varrho = \varrho_0 + \overline{\varrho}, \quad p = p_0 + \overline{p}, \tag{5.26}$$

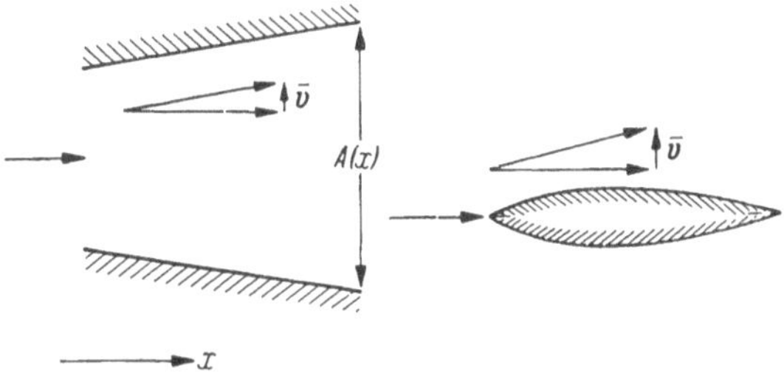

Abb. 7. Quasieindimensionale Kanalströmung und Linearisierung der Strömung an schlanken Profilen

wobei die quergestrichenen Größen als klein gegenüber den konstanten Größen mit dem Index 0 angenommen werden. Abgesehen von $\boldsymbol{v}_0 \neq 0$ stimmt der Ansatz (5.26) mit (4.1) überein. Da wir die sich aus dem Linearisierungsansatz ergebenden Gleichungen schon kennen, behandeln wir gleich den Spezialfall der *linearisierten Parallelströmung*.

Wir gehen dabei zweckmäßigerweise von (5.24) aus. Legen wir die x-Achse in die Strömungsrichtung, dann entspricht $\overline{\boldsymbol{v}}$ dem $v_y = \dfrac{u_y}{\left(1 - \dfrac{c_A^2}{v^2}\right)}$, so daß nach (5.19) Ψ_y^2 (und das Produkt $\Psi_y \Psi_{yx}$) vernachlässigt werden kann. Man erhält dann aus (5.24)

$$\overline{\Psi}_{xx}(1 - \overline{M}^2) + \overline{\Psi}_{yy} = 0, \tag{5.27}$$

wobei

$$\overline{M}^2 = \frac{v_0^2}{a^{+2}}. \tag{5.28}$$

Die Differentialgleichung (5.27) ist unter dem Namen PRANDTL-GLAUERT-*Gleichung* in der Gasdynamik gut bekannt [67]. Da $\overline{M}$ konstant ist (v_0 ist die konstante Anströmgeschwindigkeit, und in a^+ gehen infolge der Näherung nur die konstanten Größen mit dem Index 0 ein), ist (5.27) eine leicht zu lösende lineare partielle Differentialgleichung mit konstanten Koeffizienten.

Im *elliptischen* Fall („*Unterschall*") ist $\left(1 - \overline{M}^2\right) > 0$, und die PRANDTL-GLAUERT-*Transformation*

$$x_i = x, \quad y_i = y\sqrt{1 - \overline{M}^2} \tag{5.29}$$

führt (5.27) in die LAPLACE*sche Differentialgleichung*

$$\overline{\Psi}_{x_i x_i} + \overline{\Psi}_{y_i y_i} = 0 \tag{5.30}$$

für inkompressible Flüssigkeitsströmungen über, deren Lösungen aus der Elektrostatik, aus der Hydromechanik etc. bestens bekannt sind.

Im *hyperbolischen* Fall („*Überschall*") ist $\left(1 - \overline{M}^2\right) < 0$, und die PRANDTL-GLAUERT-*Lösung* von (5.27) lautet

$$\overline{\Psi}(x, y) = f(y - x \operatorname{tg} \alpha) + g(y + x \operatorname{tg} \alpha). \tag{5.31}$$

(Diese Lösung ist analog zu (4.25): f und g sind beliebige Funktionen.) α ist der *magnetoakustische* MACH*sche Winkel der Parallelströmung*:

$$\operatorname{tg} \alpha = \frac{1}{\sqrt{\overline{M}^2 - 1}}. \tag{5.32}$$

Die Gleichung der *magnetoakustischen* MACH*schen Linien* (Charakteristiken der Differentialgleichung (5.27)) ist durch

$$y \pm x \operatorname{tg} \alpha = \text{const} \tag{5.33}$$

gegeben. Bezüglich näherer Details müssen wir aus Platzmangel auf die gasdynamische Literatur verweisen [67].

Hat man Ψ, so läßt sich daraus nach (5.19) das Geschwindigkeitsfeld $\boldsymbol{v} = \boldsymbol{v}_0 + \bar{\boldsymbol{v}}$ berechnen.

Auch für die Potentialströmung ist das besprochene Verfahren brauchbar. Aus (5.8) entsteht (für $V = 0$) die *linearisierte Potentialgleichung*

$$\varphi_{xx}(1 - M^{*2}) + \varphi_{yy} = 0, \tag{5.34}$$

wobei

$$M^{*2} = \frac{v_0^2}{a_0^2 + c_{A0}^2}. \tag{5.35}$$

(5.34) ist so wie (5.27) zu lösen. Viele Probleme der *Flug-MHD* wurden mit (5.34) gelöst.

Für die *quasieindimensionale* Strömung nimmt man meist $\sigma \neq \infty$ an, vgl. § 7. Arbeiten, die sich mit der quasieindimensionalen Strömung eines idealen Plasmas ($\sigma = \infty$) beschäftigen, sind nicht sehr zahlreich [66].

§ 6. Instationäre Strömungen eines idealen kompressiblen Plasmas. Stoßwellen

6.1. *Eindimensionale instationäre Potentialströmung*

Der eindimensionale instationäre Spezialfall der Lundquist-*Gleichungen* dürfte erstmalig von Loughead untersucht worden sein [68]. Die nach dem im § 4.4 beschriebenen Verfahren gewonnenen vier Charakteristiken lauten

$$\frac{\mathrm{d}x}{\mathrm{d}t} = v, \quad v, \quad v + a^*, \quad v - a^*, \tag{6.1}$$

wobei a^* durch (5.5) gegeben ist. Wie Kerer zeigen konnte, sind die eindimensionalen Lundquist-*Glei-*

chungen mit der Potentialgleichung (5.9) äquivalent, wenn $\boldsymbol{B} = B_y \perp \boldsymbol{v} = v_x$. Sucht man mit den besprochenen Methoden die Charakteristiken von (5.9), so erhält man [68] die MGD-RIEMANN-*Linien*

$$\frac{\mathrm{d}x}{\mathrm{d}t} = v + a^*,\ v - a^*, \tag{6.2}$$

vgl. (4.51). Da $v = -\varphi_x$, hängen diese Charakteristiken von der zu suchenden Funktion φ, also auch von den Anfangs- und Randbedingungen, ab. Es ist daher zweckmäßig, mittels einer LEGENDRE-*Transformation* (5.9) zu linearisieren. Wir setzen an

$$\varphi_x = -v, \varphi_t = -q, \mathrm{d}\varphi = \varphi_x\,\mathrm{d}x + \varphi_t\,\mathrm{d}t = -v\,\mathrm{d}x - q\,\mathrm{d}t,$$

$$\Phi(v, q) = vx + qt + \varphi;$$

Wir bilden nun wegen $v = v(x, t), q = q(x, t)$

$$\mathrm{d}v = \frac{\partial v}{\partial x}\mathrm{d}x + \frac{\partial v}{\partial t}\mathrm{d}t = -\varphi_{xx}\,\mathrm{d}x - \varphi_{xt}\,\mathrm{d}t;$$

$$v_x = -\varphi_{xx}, \qquad v_t = -\varphi_{xt}$$

$$\mathrm{d}q = \frac{\partial q}{\partial x}\mathrm{d}x + \frac{\partial q}{\partial t}\mathrm{d}t = -\varphi_{tx}\,\mathrm{d}x - \varphi_{tt}\,\mathrm{d}t;$$

$$q_x = -\varphi_{tx}, \qquad q_t = -\varphi_{tt}.$$

Umgekehrt gilt $x = x(q, v), t = t(q, v)$;

$$\mathrm{d}x = \frac{\partial x}{\partial v}\mathrm{d}v + \frac{\partial x}{\partial q}\mathrm{d}q;\ \ \mathrm{d}t = \frac{\partial t}{\partial v}\mathrm{d}v + \frac{\partial t}{\partial q}\mathrm{d}q;$$

$$\mathrm{d}\Phi = \frac{\partial \Phi}{\partial v}\mathrm{d}v + \frac{\partial \Phi}{\partial q}\mathrm{d}q = v\,\mathrm{d}x + x\,\mathrm{d}v + q\,\mathrm{d}t + t\,\mathrm{d}q + \mathrm{d}\varphi.$$

Durch Koeffizientenvergleich ergibt sich

$$x = \Phi_v, \quad x_v = \Phi_{vv}, \quad x_q = \Phi_{vq}; \quad \mathrm{d}x = \Phi_{vv}\,\mathrm{d}v + \Phi_{vq}\,\mathrm{d}q,$$

$$t = \Phi_q, \quad t_v = \Phi_{qv}, \quad t_q = \Phi_{qq}; \quad \mathrm{d}t = \Phi_{qv}\,\mathrm{d}v + \Phi_{qq}\,\mathrm{d}q.$$

Damit erhält man

$$\mathrm{d}v = \frac{\Phi_{qq}\,\mathrm{d}x - \Phi_{vq}\,\mathrm{d}t}{D} = -\,\varphi_{xx}\,\mathrm{d}x - \varphi_{xt}\,\mathrm{d}t,$$

$$\mathrm{d}q = \frac{\Phi_{vv}\,\mathrm{d}t - \Phi_{qv}\,\mathrm{d}x}{D} = -\,\varphi_{tx}\,\mathrm{d}x - \varphi_{tt}\,\mathrm{d}t,$$

$$D = \begin{pmatrix} \Phi_{vv} & \Phi_{vq} \\ \Phi_{qv} & \Phi_{qq} \end{pmatrix}.$$

Koeffizientenvergleich liefert

$$\varphi_{xx} = -\,\frac{\Phi_{qq}}{D}, \qquad \varphi_{tx} = \frac{\Phi_{qv}}{D},$$

$$\varphi_{xt} = \frac{\Phi_{vq}}{D}, \qquad \varphi_{tt} = -\,\frac{\Phi_{vv}}{D},$$

woraus sofort die streng lineare Potentialgleichung in der q, t-Ebene folgt:

$$\Phi_{qq}(a^{*2} - v^2) + 2v\,\Phi_{vq} - \Phi_{vv} = 0. \tag{6.3}$$

Ihre Charakteristiken ergeben sich zu

$$\frac{\mathrm{d}q}{\mathrm{d}v} = -\,(v \mp a^*). \tag{6.4}$$

Ein Vergleich mit (6.2) zeigt, daß $\frac{\mathrm{d}v}{\mathrm{d}q} \cdot \frac{\mathrm{d}x}{\mathrm{d}t} = -1$, d.h., Riemann-*Linien* und v, q-Kurven stehen aufeinander senkrecht.

Mit $\varphi_t = -q$ nimmt die BERNOULLI-*Gleichung* (2.28) für $V = 0$ mit (2.35) die Form

$$- q - \frac{1}{2} v^2 = \int \frac{\mathrm{d} p^*}{\varrho} \tag{6.5}$$

an. Mit der Definition einer *magnetischen Schallfunktion* f

$$\frac{\mathrm{d} f}{\mathrm{d} p^*} = a^* \tag{6.6}$$

erhält man aus (6.5)

$$\mp a^* \mathrm{d} v = a^* \, \mathrm{d} f . \tag{6.7}$$

Mit (6.4) ergibt sich dann für die Charakteristiken

$$\frac{\mathrm{d}}{\mathrm{d} t} (f \pm v) = 0 \quad \text{oder} \quad \begin{aligned} f + v &= r = \text{const}, \\ f - v &= l = \text{const}. \end{aligned} \tag{6.8}$$

Ähnliche Größen wie r, l treten schon in der instationären Gasdynamik auf; wir nennen daher r und l in Analogie *magnetische* RIEMANN*sche Invariante.*

Die Funktion

$$f = \frac{2}{\gamma - 1} \int \sqrt{1 + a^{\gamma - 1}} \; \mathrm{d} a$$

wurde von HERRNEGGER und dem Verfasser tabelliert [68].

Die eben abgeleiteten Gleichungen lassen sich direkt anwenden. Man betrachtet z. B. ein in einem Rohr eingeschlossenes Plasma; öffnet man das Rohr zur Zeit $t = 0$, dann laufen von außen (niedrigerer Druck als im Rohrinneren) *Verdünnungswellen* in das Plasma hinein. Längs einer nach links laufenden Welle bleibt l konstant, d. h. $\Delta l = l_{\text{nachher}} - l_{\text{vorher}} = 0$, d. h. $\Delta f = \Delta v$. Überschreitet man die die Gebiete 1 und 2 (vgl. Abb. 8) trennende Verdünnungswelle, so steigt v von $v_1 = 0$ auf $v_2 = \Delta v$. Die Änderung des thermodynamischen Zustandes ist durch Δf gegeben. Durch (6.8), (6.6), (6.4) etc. sind somit alle *thermodynamischen-magnetischen* Größen im Gebiet 2 bekannt, wenn man diese Größen in 1 kennt. Die *kinematischen* Größen, also insbesondere die Steigung (Geschwindigkeit) der Welle, folgen aus (6.2).

Zur Lösung ähnlicher Probleme wurde auch gelegentlich ein *Variationsverfahren* herangezogen [68].

Mit einem speziellen, von Pai angegebenen Ansatz $v = f(\varrho)$ [68] erhält man auch eine allgemeine Lösung

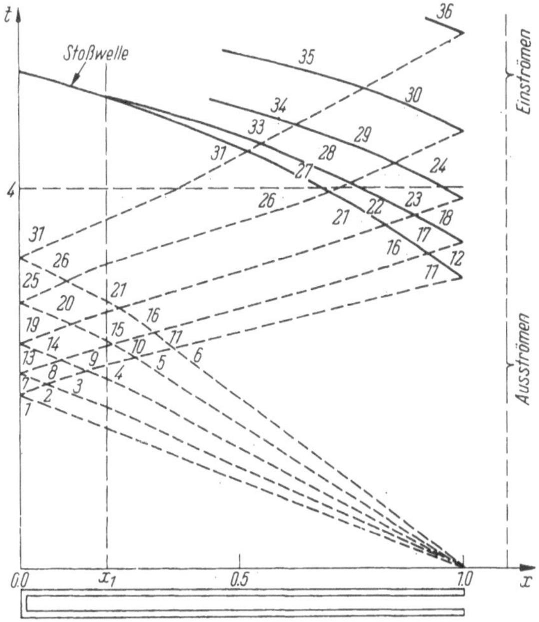

Abb. 8. Ausströmen eines Plasmas mit einem Magnetfeld von 5000 Gauß in einen Außenraum mit niedrigerem Druck. Schnitte $x = x_1$ oder $t = 4$ geben den zeitlichen bzw. räumlichen Verlauf der physikalischen Größen (vgl. Abb. 5)

$u = F(x - (u + a^*)\,t)$, wo F eine willkürliche Funktion ist.

Steht das Magnetfeld nicht senkrecht auf $\boldsymbol{v}$, sondern schließt es mit $\boldsymbol{v}$ einen bestimmten Winkel ein, so sind die Ergebnisse nur leicht geändert, vgl. KALIKHMAN [68].

6.2. Der magnetohydrodynamische Verdichtungsstoß

Kleine Störungen, die zu Wellen mit kleiner Amplitude führen, kann man nach den linearen Methoden von § 4.1 behandeln. Bei größeren Amplituden müssen die Verfahren der §§ 4.4 und 6.1 verwendet werden.

Nach (4.44) und (4.47), (4.42) ist die *Relativgeschwindigkeit* zwischen Welle und Medium vom Druck abhängig. *Verdünnungswellen*, die in dem vor ihnen liegenden

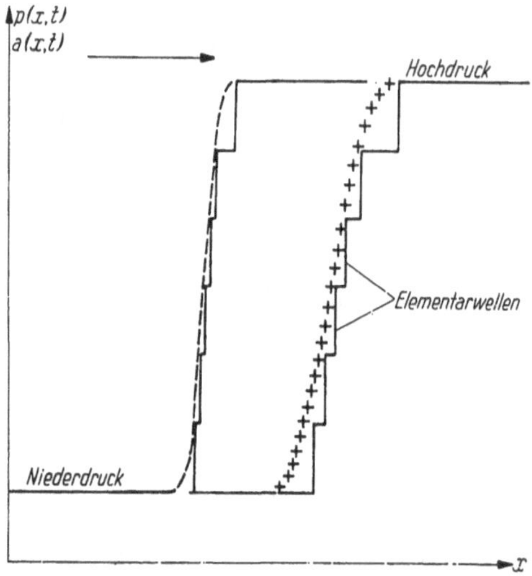

Abb. 9. Verdünnungswelle (nach rechts laufend)

t_0 – – –, t_1 + + +, $t_1 > t_0$

Medium den Druck *absenken*, werden daher immer langsamer laufen, d. h., nachfolgende *Elementarwellen* werden später eintreffen, da sie in ein Medium bereits abgesenkten Druckes hineinlaufen: die gesamte Welle wird flacher und flacher (Abb. 9). Bei *Verdichtungswellen* ist es gerade um-

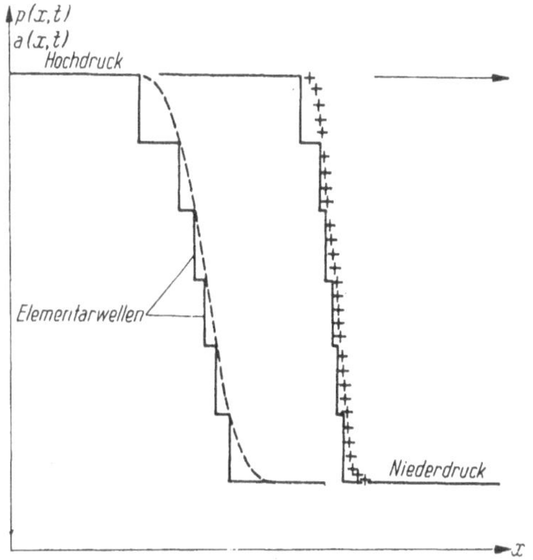

Abb. 10. Verdichtungswelle (nach rechts laufend)

t_0 – – –, t_1 + + +, $t_1 > t_0$

gekehrt. Nachfolgende *Elementarwellen* sind rascher als die vor ihnen laufenden Wellen, da die nachfolgenden Wellen in ein bereits verdichtetes Medium (in welchem die Phasengeschwindigkeit der Wellen größer ist als im unverdichteten Medium) hineinlaufen (Abb. 10). Nachfolgende Elementarwellen holen die vorangehenden Wellen ein, die gesamte Verdichtungswelle wird steiler und steiler. Schließlich bildet sich eine dünne steile Front, ein *Drucksprung* aus, den man *Verdichtungsstoß* (*Stoßwelle*) nennt, da in ihm ruckartig („stoßartig“) alle Zustandsgrößen von den Werten vor dem Stoß auf ihre Werte nach dem Stoß springen.

Solche Stoßwellen wurden für ideale Gase schon von RIEMANN gefunden [69], sie stellen einen typisch *nichtlinearen Effekt* dar. Liegt keine Dissipation vor, so ist der Verdichtungsstoß ein unstetiger Vorgang; bei Berücksichtigung von Wärmeleitung und Reibung entsteht eine stetige, sehr steile, eine sehr kleine Dicke besitzende Übergangszone [69], vgl. § 7.3.

Auch in der Magnetohydrodynamik kommt es zu derartigen Verdichtungsstößen, die für ein ideales Plasma unstetig, für ein reales Plasma stetig verlaufen.

Zu Stoßwellen kommt es z. B. bei der beschleunigten Bewegung einer festen Wand, eines Magnetfeldes oder anderer gasförmiger Materie gegen ein Plasma; dieses *Kolbenproblem* ist daher für die Entstehung (den Aufbau) eines Verdichtungsstoßes wesentlich [70].

Stoßwellen gibt es nicht nur in instationären Strömungen. Auch in stationären Strömungen können Verdichtungsstöße auftreten. Da sich diese räumlich nicht ausbreiten, sondern in der stationären Strömung am Ort ihrer Entstehung verharren, spricht man dann nicht von einer Stoßwelle, sondern von einem *Stoß* (*stationärer Verdichtungsstoß*). Zu einem solchen Stoß kann es z. B. an einer Erweiterung des Strömungskanals kommen. Die Kontinuitätsgleichung für ein in einem Kanal mit dem Querschnitt $A(x)$ stationär strömendes kompressibles Medium lautet

$$\operatorname{div}(\varrho \boldsymbol{v} A) = 0, \qquad \varrho \boldsymbol{v} A = \text{const}, \tag{6.9}$$

wobei ϱ, $\boldsymbol{v}$, A Funktionen nur von x sind. Differenziert man logarithmisch, so erhält man

$$\frac{\mathrm{d}\varrho}{\varrho} + \frac{\mathrm{d}v}{v} = -\frac{\mathrm{d}A}{A}. \tag{6.10}$$

Schreibt man unter Benutzung von (5.4) die BERNOULLI-

Gleichung (2.34) in der Form

$$\frac{\mathrm{d}\varrho}{\varrho} = -\frac{1}{a^{*2}} v\,\mathrm{d}v \tag{6.11}$$

und setzt dies in (6.10) ein, so erhält man die *magnetohydrodynamische* HUGONIOT-*Gleichung*

$$\frac{\mathrm{d}v}{v}\left(\frac{v^2}{a^{*2}} - 1\right) = \frac{\mathrm{d}A}{A}. \tag{6.12}$$

Querschnittserweiterungen ($\mathrm{d}A > 0$) erzeugen demnach im *magnetischen Unterschallbereich* $\left(\frac{v^2}{a^*} < 1\right)$ Verzögerungen ($\mathrm{d}v < 0$) des Mediums und damit *Drucksteigerungen*, im *magnetischen Überschallbereich* $\left(\frac{v^2}{a^{*2}} > 1\right)$ Beschleunigungen ($\mathrm{d}v > 0$) des Mediums und damit *Drucksenkungen*; *Querschnittsverengungen* ($\mathrm{d}A < 0$) entsprechen im *magnetischen Unterschallbereich* $\left(\frac{v^2}{a^{*2}} < 1\right)$ *Beschleunigungen* ($\mathrm{d}v > 0$), im *magnetischen Überschallbereich* $\left(\frac{v^2}{a^{*2}} > 1\right)$ *Verzögerungen*.

In einer LAVAL-*Düse* verengt sich der Querschnitt zunächst und erweitert sich dann wieder. Bläst man die Düse mit hohem Druck und Unterschallgeschwindigkeit an, so wird die Strömung beschleunigt und erreicht an der engsten Stelle die *kritische Geschwindigkeit* $v = a^*$; in der Erweiterung wird Überschallgeschwindigkeit und kleiner Druck erreicht. Ist der Druck am anderen Ende der Düse höher als der Druck in der Überschallströmung, so kommt es zu einem *Verdichtungsstoß*.

Wichtig ist, daß man in der MHD *Querschnittsveränderungen* durch Veränderungen des Magnetfeldes ersetzen kann, also Beschleunigung in einem Kanal konstanten Querschnittes durch variables Magnetfeld erzielen kann [71].

6.3. *Stationäre MHD-Stöße*

Neben Stößen treten schon in der gewöhnlichen Gasdynamik als Lösungen der Grundgleichungen *Diskontinuitätsflächen* (*Sprungflächen, Trennflächen*) auf, an denen sich physikalische Größen sprunghaft ändern. (Entropiewellen, vgl. S. 60 sind z. B. derartige Sprungflächen!)

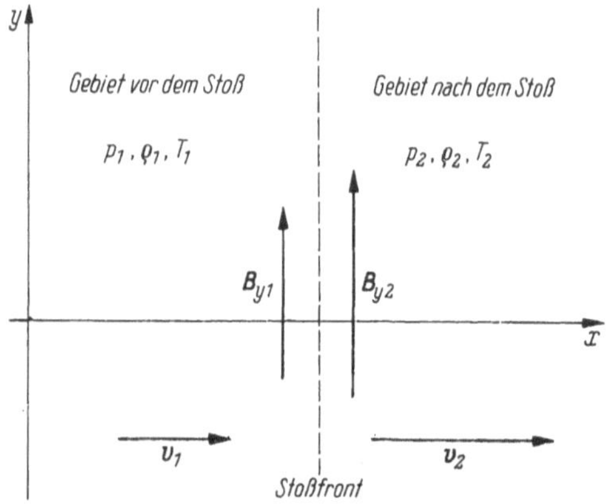

Abb. 11. Normaler MHD-Stoß

In der MHD gibt es drei Arten von Diskontinuitätsflächen und drei Arten von Stößen (vgl. Tabelle), entsprechend den drei Arten von MHD-Wellen.

Diskontinuität und Stoß unterscheiden sich dadurch, daß durch eine Diskontinuitätsfläche kein Medium fließt, während eine Stoßfront vom Medium durchflossen wird.

Einen MHD-Stoß nennt man *normal, senkrecht* oder *gerade* (Abb. 11), wenn das *Magnetfeld* vor und nach der Sprungfläche an diese tangential liegt; $\boldsymbol{B}$ steht senkrecht auf der Stoßfortpflanzungsrichtung. Die *Strömungsgeschwindigkeit* kann normal auf der Sprungfläche stehen ($\boldsymbol{v}_n \neq 0$) (Definition des *normalen* Stoßes in der

Tabelle

Diskontinuitäten und Stöße

1 = vor der Sprungfläche, 2 = nach der Sprungfläche, n = normale Komponente, t = tangentiale Komponente, $\{\varrho\} = (\varrho_2 - \varrho_1)$ etc.

Diskontinuität ($v_{n_1} = v_{n_2}$ oder $v_n = 0$, s. aber 3.)		*Stoß* ($v_{n_1} \neq v_{n_2}$), $\{p\} \neq 0$, $\{\varrho\} \neq 0$
1. *Kontaktdiskontinuität* (Trennfläche zweier Medien)	$\{\varrho\} \neq 0$, $\{T\} \neq 0$, $\{v_t\} = 0$, $\{\boldsymbol{B}_n\} \neq 0$, $\{\boldsymbol{B}_t\} = 0$, $\{p\} = 0$	1. schneller Stoß $\{\boldsymbol{B}_t\} < 0$, Drehung von $\boldsymbol{B}$ von der Stoßnormalen weg Spezialfall: *switch-on shock* $\boldsymbol{B}_{t_1} = 0$
2. *Tangentialdiskontinuität* (meist instabile Fläche)	$\{\varrho\} \neq 0$, $\{T\} \neq 0$, $\{\boldsymbol{v}_t\} \neq 0$, $\{\boldsymbol{B}_n\} = 0$, $\{\boldsymbol{B}_t\} \neq 0$, $\{p\} \neq 0$	2. langsamer Stoß $\{\boldsymbol{B}_t\} > 0$, Drehung von $\boldsymbol{B}$ zur Stoßnormalen Spezialfall: *switch-off shock* $\boldsymbol{B}_{t_2} = 0$
3. *Rotationsdiskontinuität* (sprunghafte Drehung von $\boldsymbol{B}$, $\boldsymbol{v}$; $\lvert\boldsymbol{B}\rvert$ bleibt konstant.) (ALFVÉN-*Stoß*)	$\{\varrho\} = 0$, $\{T\} = 0$, $\{\boldsymbol{v}_t\} \neq 0$, $\{\boldsymbol{B}_n\} \neq 0$, $\{p\} = 0$, $\{\boldsymbol{v}_n\} \neq 0$	3. intermediärer Stoß $\lvert\boldsymbol{B}\rvert$ unverändert (Drehung von $\boldsymbol{B}$) ALFVÉN-*Stoß* (ϱ = const), s. bei Diskontinuitäten

Gasdynamik), muß dies aber in der MHD nicht ($\boldsymbol{v}_t = 0$ oder $\boldsymbol{v}_t \neq 0$). Im *schiefen* Stoß steht $\boldsymbol{v}$ auf der Stoßfläche nicht senkrecht; $\boldsymbol{v}_t$ ist unstetig, so daß im schiefen MHD-Stoß $\boldsymbol{v}$ und $\boldsymbol{B}$ beim Durchtritt durch die Unstetigkeitsfläche Größe und Richtung ändern können; ferner ist der schiefe Stoß immer durch $\varrho_1 \neq \varrho_2$, $\boldsymbol{j}_1 \neq \boldsymbol{j}_2$ charakterisiert.

Steht $\boldsymbol{B}$ senkrecht auf der Stoßfront (parallel zur Fortpflanzungsrichtung), so ist es ohne Einfluß, und man erhält die Gesetzmäßigkeiten des gewöhnlichen gasdynamischen Stoßes. Solche MHD-Stöße ($\boldsymbol{B}_t = 0$, $\boldsymbol{B}_n \neq 0$) heißen *parallel*.

Auch für eine unstetige Zustandsänderung müssen die allgemeinen Erhaltungssätze gelten. Wenn wir alle Vektoren in Komponenten tangential (t) und normal (n) zur Sprungfläche zerlegen, dann lauten die Erhaltungssätze [72] (die man durch Integration der LUNDQUIST-*Gleichungen* über die Sprungflächen erhält):

Massenerhaltung $\varrho_1 v_{x1} = \varrho_2 v_{x2}$ oder symbolisch

$$\{\varrho \boldsymbol{v}\} = 0; \tag{6.13}$$

Impulserhaltung, normal

$$\left\{\varrho v_x^2 + p + \frac{B_y^2 + B_z^2}{2\mu_0}\right\} = 0; \tag{6.14}$$

Impulserhaltung, tangential

$$\left\{\varrho v_x v_y - \frac{B_x B_y}{\mu_0}\right\} = 0,$$

$$\left\{\varrho v_x v_z - \frac{B_x B_z}{\mu_0}\right\} = 0; \tag{6.15}$$

Energieerhaltung

$$\left\{\varrho v_x\left(\frac{v_x^2}{2} + H\right) + v_x\left(\frac{B_y^2 + B_z^2}{\mu_0}\right) - B_x\frac{B_y v_y + B_z v_z}{\mu_0}\right\} = 0; \tag{6.16}$$

Erhaltung des elektrischen und magnetischen Feldes

$$\{B_x\} = 0, \text{ d. h. } B_{x1} = B_{x2}, \quad \text{also} \quad B_{n1} = B_{n2} \tag{6.17}$$

(Folge von div $\boldsymbol{B} = 0$),

$$\{E_{tz}\} = \{v_x B_y - v_y B_x\} = 0, \{E_{ty}\} = \{v_x B_z - v_z B_x\} = 0 .$$

Eliminiert man nun v_x, v_y und v_z und schreibt für die Enthalpie $H = U + \frac{p}{\varrho}$, vgl. MS S. 15, dann erhält man die *magnetohydrodynamische Zustandsgleichung von* RANKINE *und* HUGONIOT

$$U_2 - U_1 + \frac{1}{2}(p_2 + p_1)\left(\frac{1}{\varrho_2} - \frac{1}{\varrho_1}\right) + \frac{1}{4\mu_0}\{(B_{z2} - B_{z1})^2 + (B_{y2} - B_{y1})^2\} \cdot \left(\frac{1}{\varrho_2} - \frac{1}{\varrho_1}\right) = 0 . \tag{6.18}$$

Sie heißt auch manchmal MHD-*Stoßadiabate*, da ja adiabatisches Verhalten (Wärmeleitung vernachlässigt) vorliegt.

Für ein *inkompressibles Plasma*, $\{\varrho\} = 0$, folgt $\{U\} = 0$, der thermodynamische Zustand bleibt ungeändert; es gilt auch $\{S\} = 0$ (isentropisches Verhalten). In einem solchen Stoß ändern sich $\boldsymbol{v}_t$ und $\boldsymbol{B}_t$, er heißt ALFVÉN-*Stoß*.

Wenn $\{\varrho\} > 0$, kommt es zu einer *Verdichtung*, $\{U\} > 0$, $\{p\} > 0$, $\{S\} > 0$ (*Satz von* ZEMPLEN). Ist $\{\varrho\} < 0$, so läge ein *Verdünnungsstoß* vor, den es aber wegen $\{S\} < 0$ *nicht gibt*. (Bezüglich der Berechnung von $\{S\}$ verweisen wir auf die Literatur.)

Für sehr schwache Stöße ($\{\varrho\}$, $\{p\}$ sehr klein, $\varrho_2 \to \varrho_1$) erhält man die MHD-Wellen, und aus (6.18) folgt die Adiabatengleichung für p^*.

6.4. *Klassifikation und Eigenschaften der MHD-Stöße*

Die *Stoßgleichungen* (6.13) bis (6.17) sind 6 homogene Gleichungen für die Sprunggrößen $\{\boldsymbol{v}\}$, $\{\boldsymbol{B}\}$, $\{\varrho\}$, wenn man $\{p\}$ durch $\frac{\{p\}}{\{\varrho\}} \cdot \{\varrho\}$ ersetzt; $B_{x1} = B_{x2}$ ist bekannt. Damit die Stoßgleichungen eine nichttriviale Lösung geben, muß ihre Koeffizientendeterminante verschwinden.

Nach einigen Umformungen (vgl. JEFFREY, HUGHES, SUTTON, [72]) erhält man einen komplizierten Ausdruck, den man als Bestimmungsgleichung für $\{\varrho\}$ als Funktion des Drucksprunges $\{p\}$ und des Magnetfeldsprunges auffassen kann. Zweckmäßig ist es aber, eine den Stoß besser charakterisierende Größe auszurechnen.

Da in einem Stoß physikalische Größen sich unstetig verändern, ist es notwendig, für den Wert dieser Größen *im Stoß* geeignete Mittelwerte $\tilde{}$ zu definieren, z. B.

$$\tilde{\tau} = \left(\widetilde{\frac{1}{\varrho}}\right) = \frac{1}{2}\left(\frac{1}{\varrho_1} + \frac{1}{\varrho_2}\right) \tag{6.19}$$

und analog $\tilde{B}_y$ und $\tilde{B}_z$ sowie $\tilde{B}^2 = B_x^2 + (\tilde{B}_y)^2 + (\tilde{B}_z)^2$. Meist definiert man für Stoßwellen (vgl. § 6.5) noch eine *Stoßgeschwindigkeit* c_{St} als mittlere Relativgeschwindigkeit zum Medium:

$$c_{\mathrm{St}} = \tilde{v}_{\mathrm{n}} - \varrho_1 v_{\mathrm{n}1} \tilde{\tau}, \tag{6.20}$$

wobei

$$\tilde{v}_{\mathrm{n}} = \frac{1}{2}(v_{\mathrm{n}1} + v_{\mathrm{n}2}). \tag{6.21}$$

Löst man die so umgeformte Gleichung 6. Grades für c_{St} auf, so erhält man 6 Wurzeln:

$$c_{\mathrm{St}t} = \pm \frac{1}{\varrho_1} B_x \sqrt{\frac{1}{\mu_0 \tilde{\tau}}} \quad \text{(transversaler oder intermediärer Stoß)},$$

$$c_{\mathrm{St}f} = \pm \frac{1}{\sqrt{2}\,\varrho_1} \cdot \sqrt{\frac{\tilde{B}^2}{\mu_0 \tilde{\tau}} - \frac{\{p\}}{\{\tau\}} + \sqrt{\frac{\{p\}^2}{\{\tau\}^2} + \frac{\tilde{B}^2}{\mu_0^2 \tilde{\tau}^2} - \frac{2\{p\}}{\{\tau\}\tilde{\tau}} \frac{\left(\tilde{B}_y^2 + \tilde{B}_z^2 - \tilde{B}_x^2\right)}{\mu_0}}},$$

(schneller Stoß)

$$c_{\mathrm{St}s} = \pm \frac{1}{\sqrt{2}\,\varrho_1} \cdot \sqrt{\frac{\tilde{B}^2}{\mu_0 \tilde{\tau}} - \frac{\{p\}}{\{\tau\}} - \sqrt{\frac{\{p\}^2}{\{\tau\}^2} + \frac{\tilde{B}^2}{\mu_0 \tilde{\tau}^2} - \frac{2\{p\}}{\{\tau\}\tilde{\tau}} \frac{\left(\tilde{B}_y^2 + \tilde{B}_z^2 - \tilde{B}_x^2\right)}{\mu_0}}}.$$

(langsamer Stoß) (6.22)

Löst man die Stoßgleichungen selbst, so erhält man [72] für die Sprünge der physikalischen Größen 6 verschiedene Lösungen, die in der Tabelle zusammengefaßt sind. Für kleine Amplituden, d. h. $\frac{\varrho_1}{\varrho_2} \to 1$, gehen diese Formeln (6.22) in (4.47) über.

Die Ergebnisse der Auflösung der Stoßgleichungen sind ($m = \varrho_1 c_{\mathrm{St}}$, je nach dem Wert von c_{St})

$$\left\{\frac{1}{\varrho}\right\} = -\,Cm\left(m^2\tilde{\tau} - \frac{B_x^2}{\mu_0}\right)\left(m^2\tilde{\tau} - \frac{\tilde{B}^2}{\mu_0}\right),$$

$$\{v_n\} = \{v_x\} = -\,Cm^2\left(m^2\tilde{\tau} - \frac{B_x^2}{\mu_0}\right)\left(m^2\tilde{\tau} - \frac{\tilde{B}^2}{\mu_0}\right),$$

$$\{v_y\} = Cm^2\left(\frac{1}{\mu_0} B_x \tilde{B}_y\right)\left(m^2\tilde{\tau} - \frac{\tilde{B}^2}{\mu_0}\right),$$

$$\{v_z\} = Cm^2\left(\frac{1}{\mu_0} B_x \tilde{B}_z\right)\left(m^2\tilde{\tau} - \frac{\tilde{B}^2}{\mu_0}\right), \quad (6.23)$$

$$\{B_y\} = C m^3 \tilde{B}_y \left(m^2 \tilde{\tau} - \frac{\tilde{B}^2}{\mu_0} \right),$$

$$\{B_z\} = C m^3 \tilde{B}_z \left(m^2 \tilde{\tau} - \frac{\tilde{B}^2}{\mu_0} \right). \tag{6.23}$$

Da die Stoßgleichungen homogen sind, tritt eine willkürliche Konstante C auf.

Die eingehende Diskussion der Gl. (6.23) ergibt folgende Gesetzmäßigkeiten:

1. $c_{\mathrm{St}f} > c_{\mathrm{St}t} > c_{\mathrm{St}s}$.

2. Für $\dfrac{B_x^2}{\mu_0 \tilde{\tau}} < m^2 < \dfrac{\tilde{B}^2}{\mu_0 \tilde{\tau}}$ tritt kein Stoß auf. Damit ein Stoß auftritt, muß vor ihm magnetische Überschallströmung herrschen ($v_1 > a^{*2}$).

3. Der Betrag $|\boldsymbol{B}_\mathrm{t}|$ *steigt* in einem *schnellen* und *fällt* in einem *langsamen* Stoß. Im *intermediären* Stoß bleibt $|\boldsymbol{B}|$ *unverändert*, doch dreht sich der Vektor $\boldsymbol{B}$. Für einen langsamen Stoß gilt also $|\boldsymbol{B}_{\mathrm{t}2}| < |\boldsymbol{B}_{\mathrm{t}1}|$, für einen schnellen Stoß $|\boldsymbol{B}_{\mathrm{t}2}| > |\boldsymbol{B}_{\mathrm{t}1}|$. Die Richtung von $\boldsymbol{B}_\mathrm{t}$ bleibt gleich (schneller und langsamer Stoß) oder dreht sich um 180° (langsamer Stoß).

4. Es gibt schnelle Stöße, bei denen $\boldsymbol{B}_{\mathrm{t}1} = 0$, $\boldsymbol{B}_{\mathrm{t}2} \neq 0$; sie schalten ein Magnetfeld ein (*switch-on shock*). Damit ein switch-on shock auftreten kann, muß $c_{\mathrm{Stt}1} > a_1$ sein, und der Stoß muß unterhalb eines bestimmten kritischen Wertes bleiben. (a_1 ist die Schwallgeschwindigkeit vor dem Stoß.)

5. Es gibt langsame Stöße, bei denen $\boldsymbol{B}_{\mathrm{t}2} = 0$ ist, auch wenn $\boldsymbol{B}_{\mathrm{t}1} \neq 0$ (*switch-off shock*). Damit sie auftreten, muß $c_{\mathrm{Stt}2} < a_2$ oder $c_{\mathrm{ASt}2} > a_2$ und die Stoßstärke größer als ein kritischer Wert sein.

6. Für den schnellen Stoß gilt für ein ideales Plasma

$$c_{\mathrm{St}f} > c_{f1},\ c_{f2} > v_{x2} > c_{\mathrm{A}x2},$$

für einen langsamen

$$c_{\mathrm{A}x1} > c_{\mathrm{Sts}} > c_{s1}, \qquad c_{s2} > v_{x2}.$$

Im intermediären Stoß gilt

$$v_{x1} > c_{\mathrm{A}x1}, \qquad v_{x2} < c_{\mathrm{A}x2}.$$

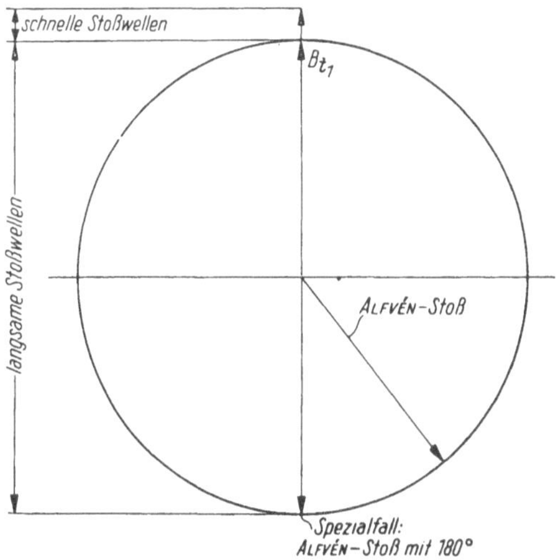

Abb. 12. FRIEDRICHS-Diagramm für den ALFVÉN-Stoß

7. Im schnellen Stoß dreht sich $\boldsymbol{B}$ von der Normalen auf die Stoßfront *weg*, im langsamen Stoß dreht sich $\boldsymbol{B}$ zur Normalen *hin*.

8. Trägt man die tangentiale Komponente $\boldsymbol{B}_{t1}$ in einem Polardiagramm auf, so erhält man das FRIEDRICHS-*Diagramm* für den ALFVÉN-*Stoß* (Abb. 12). In diesem entspricht die Papierebene der Ebene der Stoßfront. Für schnelle und langsame Stöße bleibt $\boldsymbol{B}_t$ in der Stoßebene; für intermediäre Stöße verläßt $\boldsymbol{B}_{t2}$ diese Ebene, ohne jedoch seine Länge zu ändern.

Bisher haben wir die Natur des Plasmas nicht berücksichtigt. Nimmt man jedoch an, daß die ideale Zustandsgleichung (1.20) gilt, dann können noch weitere Beziehungen abgeleitet werden (BAZER-ERICSON [72]). Es gilt bespielsweise

$$\{\varrho\} = \varrho_1 f \frac{-\frac{1}{2}\gamma f \sin\vartheta - 1 + q \pm \sqrt{r}}{2q\sin\vartheta - (\gamma - 1) f}; \qquad (6.24)$$

ϑ ist der Winkel zwischen $\boldsymbol{B}_1$ und der Normalen auf die Stoßfläche, $f = \{B_y\}/|\boldsymbol{B}_1|$, $q = \frac{\gamma p_1 \mu_0}{B_1^2}$, $\gamma = \frac{c_p}{c_v}$, $r = f^2\left(\frac{1}{2}\gamma^2 \sin^2\vartheta + -\gamma + 1\right) + f\sin\vartheta(2-\gamma)(1+q) + 4q\sin^2\vartheta + (1-q)^2$.

Geht man zu sehr starken Stößen über ($c_{St} \to \infty$, $\{p\} \to \infty$), so erhält man für die *maximale Verdichtung* $\frac{\varrho^2}{\varrho_1}$ den Wert $\frac{\gamma+1}{\gamma-1}$, das ist derselbe Wert wie in der Gasdynamik.

Für das Verständnis des thermodynamischen Verhaltens eines Stoßes sind auch die RAYLEIGH-*Kurven* nützlich (s. z. B. HUGHES [72]). Eine RAYLEIGH-*Kurve* ist im p, $\frac{1}{\varrho}$-Diagramm der geometrische Ort aller Punkte mit gleichem Massenfluß $\varrho \boldsymbol{v}$.

Oft ist es notwendig, für *schiefe Stöße* für vorgegebene $\boldsymbol{v}_1, \boldsymbol{B}_1$ die Größen $\boldsymbol{v}_2, \boldsymbol{B}_2$ nach dem Stoß rasch, z. B. graphisch oder mittels eines Nommogrammes zu bestimmen. Diesem Zweck dient die MHD-*Stoßpolare von* BAZER *und* ERICSON [72].

6.5. *Stoßwellen und andere Stoßprobleme*

Wenn ein Stoß in ein ruhendes Medium hineinläuft (*Stoßwelle*), dann kann man durch eine GALILEI-*Transformation* (die die LUNDQUIST-*Gleichungen* unverändert läßt) die Stoßwelle auf Ruhe transformieren. Die Stoßgeschwindigkeit ist in einem sich mit der Geschwindigkeit $-\boldsymbol{c}_{\mathrm{St}}$ relativ zum Laborsystem bewegenden mit der Stoßwelle verbundenen Koordinatensystem Null, doch strömt in diesem System das Medium mit der Geschwindigkeit $\boldsymbol{v}_1 = -c_{\mathrm{St}}$ auf den Stoß zu. In den Stoßgleichungen (6.13) bis (6.17) hat man daher einfach $\boldsymbol{v}_1$ durch $\boldsymbol{c}_{\mathrm{St}}$ und $\boldsymbol{v}_2$ durch $\boldsymbol{v}_2 - \boldsymbol{c}_{\mathrm{St}}$ zu ersetzen, also z. B. für die Massenerhaltung $-\varrho_1 \boldsymbol{c}_{\mathrm{St}} = \varrho_2(\boldsymbol{v}_2 - \boldsymbol{c}_{\mathrm{St}})$ zu setzen. Alle weiteren Rechnungen verlaufen dann mit den transformierten Gleichungen genau nach dem Schema von § 6.4. Die Stoßgeschwindigkeit, die in (6.20) eingeführt wurde, hat eigentlich erst bei Stoßwellen einen physikalischen Sinn.

Selbstverständlich muß die besprochene GALILEI-*Transformation* in allen Gleichungen (6.13) bis (6.23) durchgeführt werden. Man erhält dann die entsprechenden Aussagen für Stoßwellen und Diskontinuitäten (nun definiert durch $\boldsymbol{v}_{\mathrm{n}1} = \boldsymbol{c}_{\mathrm{St}}$).

In einigen wenigen Arbeiten wurde auch der Einfluß der hier vernachlässigten Gravitation auf Stoßwellen behandelt – vgl. PAI [72].

Sehr eingehend wurde insbesondere von russischen Autoren die Frage untersucht [73], ob die MHD-Stöße stabil sind oder ob sie – etwa in einzelne Wellen – zerfallen, sobald eine Störung auftritt. *Evolutionär* heißt ein Stoß, bei dem eine kleine Änderung der magnetohydrodynamischen Ausgangsgrößen eine kleine Veränderung der Stoßlösung hervorruft: die Lösung der Stoßgleichungen ist von den Anfangs- und Randbedingungen stetig abhängig. Bei *nichtevolutionären* Stößen ruft eine unendlich kleine Änderung eine endliche Veränderung der Stoßlösung und eine Aufspaltung des Stoßes in einige Stöße hervor. Nichtevolutionäre Stöße sind deshalb gegen Aufspaltung instabil und existieren nicht oder nur kurzzeitig. Aus der Forderung, daß ein Stoß evolutionär sein muß, um auftreten zu können, ergeben sich nach komplizierten Überlegungen z. B. die Gesetzmäßigkeit 1 und 2 von § 6.4.

Interessant ist, daß in der *Magnetohydrostatik* ($\boldsymbol{v} = 0$, vgl. Band II, § 10.3) zwar nicht Stöße, aber *Diskontinuitäten* auftreten können (JEFFREY, [73]). Es zeigt sich, daß die Diskontinuitätsfläche eine *magnetische Fläche* (vgl. Band II, § 10.3) ist und daß u. a. (10.9) von Band II gilt. Eine magnetische Fläche kann daher eine *Grenzfläche* zwischen zwei Medien, z. B. Plasma und Vakuum, sein. Da Diskontinuitätsflächen oft instabil sind und zum Zerfall neigen, eröffnet sich hier ein neuer Weg zum Verständnis der RAYLEIGH-TAYLOR-*Instabilität*, vgl. Band II, § 13.3 oder der *Instabilität des Pinch.*

Stoßwellen, in denen durch chemische, elektrische oder nukleare Reaktionen energieliefernde Prozesse stattfinden, heißen *Detonationswellen* [75]. Gehen sie von einer punktförmigen oder linienförmigen Explosionsladung aus, so sind sie sphärisch oder zylindrisch *divergierend* [76]. Auch in der MHD gibt es solche *Explosionswellen*, vgl. auch § 11.2. Bei *Hohlladungen* läuft die Explosionswelle zum Zentrum bzw. zur Zylinderachse, sie ist *konvergierend* und erzeugt im Konvergenzpunkt hohe Drucke und Temperaturen: MONROE-NEUMANN-*Effekt.* Selbstverständlich gibt es auch in der MHD derartige Vorgänge [75], [76].

Überhaupt gibt es viele Wechselwirkungen zwischen Stößen und Magnetfeld: Stöße können von Magnetfeldern angetrieben werden („*magnetischer Kolben*"), und Stoßwellen können in Magnetfelder hineinlaufen [70].

Auch der Einfluß des *Strahlungsdruckes* auf die Ausbreitung und Dämpfung von Stoßwellen war Gegenstand von Untersuchungen [77]. Andere Autoren wieder untersuchten *Ionisierungsstöße* (*ionisierende Stoßwellen*), das sind Stöße, die aus neutralem Gas ein Plasma erzeugen [78]. Mit Hilfe der elektrischen Leitfähigkeit vor bzw. nach dem Stoß kann man wie folgt leicht klassifizieren:

$\sigma_1 = \sigma_2 = 0$	*gasdynamischer Stoß*
$\sigma_1 \neq 0, \ \sigma_2 > \sigma_1$	MHD-*Stoß*
$\sigma_1 = 0, \ \sigma_2 > 0$	*ionisierender Stoß*

Andere Untersuchungen betreffen *Stöße bei relativistischen Geschwindigkeiten* [79], *Stöße in der Mehrflüssigkeitstheorie* [74] sowie *stoßfreie Stöße* [80], das sind Stöße in einem Plasma, in dem die Zusammenstöße zwischen den Molekülen vernachlässigt werden können (VLASOV-*Plasma*).

Stoßwellen sind ein typisch nichtlineares Phänomen — sie treten immer dann auf, wenn ein Gebiet durch nichtlineare partielle Differentialgleichungen beschrieben wird — sind z. B. die MAXWELL-*Gleichungen* nichtlinear (*Ferromagnetika*, *Seignetteelektrika*), dann treten *elektromagnetische Stoßwellen* auf [81].

§ 7. Strömungsprobleme eines realen kompressiblen Plasmas

7.1. *Eindimensionale und quasieindimensionale Strömung eines Plasmas endlicher elektrischer Leitfähigkeit*

Solange eindimensional oder quasieindimensional gerechnet werden kann, also nur gewöhnliche Differentialgleichungen zu lösen sind, ist der Rechenaufwand zur Lösung von Strömungsproblemen eines nichtviskosen Plasmas endlicher elektrischer Leitfähigkeit noch erträglich. Da die Grundgleichungen der quasieindimensionalen Strömung für konstanten *Kanalquerschnitt* A in die Gleichungen der eindimensionalen Strömung übergehen, schreiben wir nur die Gleichungen der quasieindimensionalen Strömung an. Wir nehmen an, daß der Kanalquerschnitt langsam veränderlich sei, daß also

$$\frac{\mathrm{d}A}{\mathrm{d}x} \ll A \quad \text{und daß} \quad \frac{\partial}{\partial y} = \frac{\partial}{\partial z} = \frac{\partial}{\partial t} = 0 . \tag{7.1}$$

Als weitere Annahmen sind notwendig:

1. Inhomogenitäten am Einlauf, an den Elektroden oder Wänden und am Ende des Kanals (*Anlaufeffekte, Endeffekte*) sind vernachlässigbar.

2. Der Kanalquerschnitt ändert sich nach (7.1) und

$$\boldsymbol{v} = (v, 0, 0), \quad \boldsymbol{B} = (0, 0, B). \tag{7.2}$$

3. Druck (sowie Dichte und Temperatur) ändern sich über den Kanalquerschnitt nur wenig.

4. Das vom Plasma erzeugte (induzierte) (innere) Magnetfeld ist vernachlässigbar klein. (*Entkopplung* des Magnetfeldes, vgl. § 7.2. Die Induktionsgleichung wird dann nicht verwendet.)

G. Ljubimov hat 1966 bei der MHD-Tagung in Salzburg darauf hingewiesen, daß diese 4 Voraussetzungen sehr selten erfüllt sind und daß alle eindimensionalen und quasieindimensionalen Rechnungen als sehr ungenau angesehen werden müssen. Wir geben daher nur eine kurze Übersicht über die Literatur [82].

Für ein nichtviskoses kompressibles Plasma endlicher elektrischer und verschwindender Wärmeleitfähigkeit lauten die Grundgleichungen unter Berücksichtigung des Hall-*Effektes*:

Massenerhaltung
$$\frac{\mathrm{d}}{\mathrm{d}x}(\varrho v A) = 0, \tag{7.3}$$

Impulserhaltung
$$\varrho v \frac{\mathrm{d}v}{\mathrm{d}x} = -\frac{\mathrm{d}p}{\mathrm{d}x} + j_y B, \tag{7.4}$$

Energieerhaltung
$$\varrho v \frac{\mathrm{d}H}{\mathrm{d}x} = j_y E_y + j_x E_x, \tag{7.5}$$

wobei H nach (2.9) definiert ist. Für das Ohm*sche Gesetz* folgt aus (1.10) mit den im Band I besprochenen Umformungen (vgl. Band I, (8.10), S. 177)

$$
\begin{aligned}
j_x &= \frac{\sigma}{1+\omega^2\tau^2}\big(E_x - \omega\tau(E_y - vB)\big)\ (\text{Hall}),\\
j_y &= \frac{\sigma}{1+\omega^2\tau^2}\,(E_y - vB + \omega\tau E_x)\quad (\text{Faraday}).
\end{aligned}
\tag{7.6}
$$

Es stehen uns somit für 8 Unbekannte (ϱ, v, p, j_x, j_y, B, E_x, E_y) nur 5 Gleichungen zur Verfügung. (Die Induktionsgleichung ist entkoppelt und wird weggelassen, vgl. § 7.2.) Es sind daher weitere einschränkende Annahmen nötig.

Entweder

a) man gibt E_x, E_y, B vor, oder

b) man gibt vier beliebige Unbekannte vor und bestimmt dann jenes $A(x)$, mit dem alle Größen Lösungen der Gleichungen sind.

c) Eine weitere Vereinfachung tritt durch einen besonderen Bau der Elektroden ein.

Den Strom j_y quer zur Plasmaströmung, der durch Induktion entsteht, nennt man Faraday-*Strom*, den Strom j_x in der Strömungsrichtung, der vom Hall-*Effekt* herrührt, nennt man Hall-*Strom*. Wenn nun die Kanalwände (senkrecht auf der y-Richtung meist metallische *Elektroden*) durchgehend aus Metall bestehen, so bricht in ihnen das elektrische Feld E_x zusammen (vgl. Band I, Abb. 2, S. 37).

$E_x = 0$ liefert aber nach (7.6) $j_x \neq 0$, d. h., der (meist für nützliche Zwecke herangezogene) Faraday-*Strom* wird geschwächt. Werden jedoch die *Elektroden* durch Isolationsschichten *segmentiert* (vgl. Band I, S. 37), so kann in der x-Richtung kein Strom fließen, d. h. $j_x = 0$, $E_x = \omega\tau(E_y - vB)$. Andererseits kann man für $\omega\tau \ll 1$ auch den Hall-*Term* $\omega\tau$ überhaupt vernachlässigen. Jedenfalls wird mit j_x oder $E_x = 0$ der Energiesatz vereinfacht, und man hat weniger Unbekannte. Damit

($j_x = 0$, $\omega\tau = 0$ oder $E_x = 0$) erhält man unter Verwendung der Definitionen (1.7), (1.6) für die MACH-*Zahl* und die Schallgeschwindigkeit und mit der allgemeinen Zustandsgleichung (1.20) des idealen Gases aus (7.3) bis (7.6) die MHD-*Kanalgleichungen*

$$v' \equiv \frac{\mathrm{d}v}{\mathrm{d}x} = \frac{1}{M^2 - 1}\left[\frac{v}{A} A' - \frac{\bar{\sigma} B^2}{p} (v - v_3)(v - v_1)\right],$$

$$p' \equiv \frac{\mathrm{d}p}{\mathrm{d}x} = -\frac{1}{M^2 - 1}\left\{\frac{\varrho v^2}{A} A' - (v - v_3) \cdot \left[\frac{\gamma \bar{\sigma} B^2 M}{a} (v - v_1) - \bar{\sigma} B^2 (M^2 - 1)\right]\right\},$$

$$M' = \frac{\mathrm{d}M}{\mathrm{d}x} = \frac{1 + \frac{\gamma - 1}{2} M^2}{M^2 - 1}\left[\frac{M}{A} A' - \frac{\bar{\sigma} B^2}{a p} \cdot (v - v_3)(v - v_2)\right]. \tag{7.7}$$

Hierbei wurden folgende Abkürzungen verwendet:

$$v_1 = \frac{\gamma - 1}{\gamma} \frac{E_y}{B}, \quad v_2 = \frac{1 + \gamma M^2}{2 + (\gamma - 1) M^2} v_1,$$

$$v_3 = \frac{E_y}{B}, \quad \gamma = \frac{c_p}{c_v},$$

$$\bar{\sigma} = \sigma, \quad \text{wenn} \quad \omega\tau > 0,\ j_x = 0 \quad \text{oder} \quad \omega\tau = 0,$$

$$\bar{\sigma} = \frac{\sigma}{1 + \omega^2 \tau^2}, \text{ wenn} \quad \omega\tau > 0,\ E_x = 0. \tag{7.8}$$

Je nach den weiteren getroffenen Annahmen ergeben sich verschiedene Lösungstypen [82]:

Fall 1: konstante Geschwindigkeit ($v' = 0$)

Der Faktor $(M^2 - 1)^{-1}$ verschwindet aus den so vereinfachten Gleichungen. Dies bedeutet, daß es zu *keiner*

Drosselung der Strömung kommt. (Dies gilt auch für alle Strömungen mit konstantem p, T oder ϱ.)

Fall 2: konstanter Querschnitt ($A' = 0$)

Für $M \to 1$ geht $v_2 \to v_1$. Daher geht $v \to v_1$ oder v_3, und die Ableitungen in den Gln. (7.7) bleiben endlich: es kommt zu keiner Drosselung. Wenn jedoch (3.16) erfüllt ist, also $E_y = KvB$, wo $K = \text{const}$, dann ist $v_3 = Kv$, $v_1 = \frac{\gamma - 1}{\gamma} Kv$, und irgendwo im Kanal kann es zu einer *Drosselung* kommen. Diese Fragen wurden von Resler und Sears eingehend untersucht. Die Verfasser geben eine graphische Darstellung der durch numerische Integration der Kanalgleichungen gewonnenen Funktion $v = v(M)$, vgl. Abb. 13.

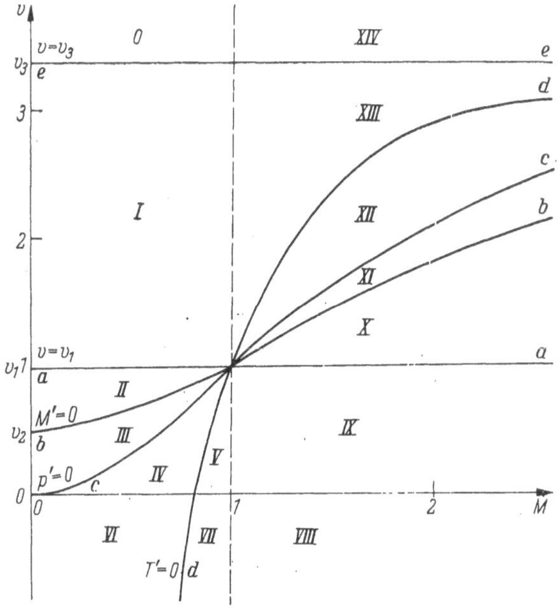

Abb. 13. Die verschiedenen Bereiche der Kanalströmung

Gebiet	0	I	II	III	IV	V	VI	VII	VIII	IX	X	XI	XII	XIII	XIV
v'	$v'>0$ $v>v_3$	$v'<0$ $v_3>v>v_1$	$v'>0$ $v_2<v<v_1$	$v'>0$ $v<v_2$	$v'>0$ $v<v_2$	$v'>0$ $v<v_2$	$v'>0$ $v<0$	$v'>0$ $v<0$	$v'<0$ $v<0$	$v'<0$ $v<v_1$	$v'>0$ $v_1<v<v_2$	$v'>0$ $v>v_2$	$v'>0$ $v>v_2$	$v'>0$ $v>v_2$	$v'<0$ $v>v_3$
M'	$M'>0$ $M<1$	$M'<0$ $M<1$	$M'<0$ $M<1$	$M'>0$ $M<1$	$M'>0$ $M<1$	$M'>0$ $M<1$	$M'>0$ $M<1$	$M'>0$ $M<1$	$M'<0$ $M>1$	$M'<0$ $M>1$	$M'<0$ $M>1$	$M'>0$ $M>1$	$M'>0$ $M>1$	$M'>0$ $M>1$	$M'<0$ $M>1$
p'	$p'<0$	$p'>0$	$p'>0$	$p'>0$	$p'<0$	$p'<0$	$p'<0$	$p'<0$	$p'>0$	$p'>0$	$p'>0$	$p'>0$	$p'<0$	$p'<0$	$p'>0$
T'	$T'<0$	$T'>0$	$T'>0$	$T'>0$	$T'>0$	$T'<0$	$T'>0$	$T'<0$	$T'>0$	$T'>0$	$T'>0$	$T'>0$	$T'>0$	$T'<0$	$T'>0$

Die Linie a ist der geometrische Ort aller Punkte, für die $v' = 0$, $v = v_1$
„ „ b „ „ „ „ „ „ „ „ $M' = 0$
„ „ c „ „ „ „ „ „ „ „ $p' = 0$.
„ „ d „ „ „ „ „ „ „ „ $T' = 0$.
„ „ e „ „ „ „ „ „ „ „ $v = v_3$

Die verschiedenen Gebiete 0 – XIV von Abb. 13 zeigen folgendes Verhalten [82]:

Längs der Linie $M = 1$ ist wegen des Übergangs vom Unterschall zum Überschall eine *Drosselung* der Strömung *möglich*. An den Stellen $v = v_1$, $M = 1$ und $v = v_3$, $M = 1$ ist jedoch ein *drosselungsfreier Kanal* (*Tunnel*) vom Unterschall in den Überschall bzw. umgekehrt vorhanden.

Fall 3. Geschwindigkeit eine Potenzfunktion von A, vgl. Kalikhman [82].

Fall 4: konstanter Querschnitt mit $\boldsymbol{E} \perp \boldsymbol{B}$, vgl. Kalikhman [82].

Fall 5: Wir nahmen kleine magnetische Reynolds-Zahlen, d. h. nach (1.19) sehr kleine elektrische Leitfähigkeit an. Für $Rm \ll 1$ können die elektromagnetischen Gleichungen und die Gleichungen der Strömungslehre entkoppelt werden, vgl. § 7.2. Kann man dies nicht annehmen, so tritt die Induktionsgleichung in der Form $\frac{\mathrm{d}}{\mathrm{d}x}(Bv) = \frac{1}{\mu_0 \sigma} \frac{\mathrm{d}^2 B}{\mathrm{d}x^2}$ zu den behandelten Gleichungen noch hinzu.

Weitere analytische und numerische Lösungen, auch für Isentropie und reale Gase, gibt Sutton [82].

Auch Strömungen nicht verschwindender Viskosität wurden behandelt [82], vgl. auch § 8 oder die Fanno-*Strömung* [28].

7.2. *Zweidimensionale und instationäre Strömung eines Plasmas endlicher elektrischer Leitfähigkeit*

Wie wir in § 4.6 gesehen haben, werden die Charakteristiken für Strömungsprobleme eines Plasmas endlicher elektrischer Leitfähigkeit im

eindimensionalen instationären Fall: *entartet*,

zweidimensionalen stationären Fall: *komplex*.

Mit beiden Arten von Charakteristiken kann man kein graphisch-numerisches Verfahren aufbauen [83].

Bisher sind fünf Methoden bekannt geworden, um bei Strömungsproblemen dieser Art zu Lösungen zu gelangen:

a) näherungsweise *Entkopplung* der MHD-Gleichungen bei kleiner Leitfähigkeit σ,

b) *Reihenentwicklungen* bei kleinem und bei großem σ,

c) *Linearisierung*,

d) *numerische Integration* mittels Computer,

e) *Ähnlichkeitstransformation*.

Wir wollen diese Verfahren kurz besprechen.

Verfahren der Entkopplung

Bei einer Rechengenauigkeit, die selten besser als 1% oder 1‰ ist, ist es natürlich sinnvoll, die Größe der einzelnen Terme in den MHD-Gleichungen zu untersuchen. Wir haben für diesen Zweck bereits in Band I, S. 162, Kennziffern eingeführt. Es ergab sich dort, daß die elektrische Leitfähigkeit

a) ∞ gesetzt werden kann, wenn

$$L = \frac{\mu_0 \sigma l B_0}{\sqrt{\mu_0 \varrho_0}} \gg 1, \text{ d. h. } > 10^2; \tag{7.9}$$

es liegt ein ideales Plasma vor (z. B. $\sigma > 10^4 \Omega^{-1}\mathrm{m}^{-1}$ für $\varrho_0 = 10^{-3}\,\mathrm{g/cm^3}$, $l = 10^2$ cm, $B_0 = 10^4$ Gauß).

b) 0 gesetzt werden kann, wenn in der Induktionsgleichung (1.18) der Term $\operatorname{rot}[\boldsymbol{v} \times \boldsymbol{B}]$ vernachlässigt werden kann. Dies führt dann zu einer *Entkopplung zwischen Strömungsvorgang und Feldausbreitung.*

Aus (7.9) folgt als Bedingung

$$L = \frac{\mu_0 \sigma l B_0}{\sqrt{\mu_0 \varrho_0}} = \frac{Rm B_0}{v_0 \sqrt{\mu_0 \varrho_0}} \ll 1, \text{ d. h. } < 10^{-2}, \tag{7.10}$$

also *kleine magnetische* REYNOLDS-*Zahl* Rm, vgl. (1.19) (etwa $\sigma < 10\,\Omega^{-1}\text{m}^{-1}$). Infolge der *Entkopplung* ist es nun möglich, das Magnetfeld unabhängig von der Strömung aus der *entkoppelten Induktionsgleichung*

$$\frac{\partial \boldsymbol{B}}{\partial t} = \frac{1}{\mu_0 \sigma} \Delta \boldsymbol{B} \tag{7.11}$$

auszurechnen. Die die Strömung beschreibenden Gleichungen sind hyperbolisch und unterscheiden sich nur durch den Zusatzterm der LORENTZ-*Kraft* von den Grundgleichungen der Gasdynamik. Infolge der Entkopplung erzeugt die Strömung kein inneres (induziertes) Magnetfeld im Plasma; (7.11) beschreibt lediglich die *Diffusion des äußeren Magnetfeldes ins Plasma* und kann somit einfach weggelassen werden, vgl. § 7.1.

Wir behandeln ein *zweidimensionales stationäres* Beispiel $\left(\frac{\partial}{\partial t} = 0,\ \frac{\partial}{\partial z} = 0,\ v_x = u,\ v_y = v\right)$, vgl. [84].

Nach (1.1) lautet die *Kontinuitätsgleichung*

$$\varrho\,\frac{\partial u}{\partial x} + \varrho\,\frac{\partial v}{\partial y} + u\,\frac{\partial \varrho}{\partial x} + v\,\frac{\partial \varrho}{\partial y} = 0\,. \tag{7.12}$$

In der *Strömungsgleichung* (1.2) ersetzen wir $\boldsymbol{j}$ aus dem OHM*schen Gesetz* (1.10) für $\omega\tau = 0$ (skalares MHD-Plasma!) und formen ∇p um. Da wegen $\sigma \neq \infty$ die Adiabatengleichung (1.25) nicht, wohl aber (1.20) und (2.14) gelten, schreiben wir

$$\nabla p = \left(\frac{\partial p}{\partial \varrho}\right)_S \nabla \varrho + \left(\frac{\partial p}{\partial S}\right)_\varrho \nabla S = a^2 \nabla \varrho + \frac{p}{M c_v}\,\nabla S\,, \tag{7.13}$$

wobei wir $p = p(\varrho, S)$ nach (2.14) und die *Definition* $a^2 = \left(\frac{\partial p}{\partial \varrho}\right)_S = \gamma R T = \frac{\gamma p}{\varrho}$ verwendeten. Drückt man nun in der Formel (2.13) für S die Variablen p und T mit

Hilfe von (1.20) durch a^2 und ϱ aus, so erhält man

$$\varrho u \frac{\partial u}{\partial x} + \varrho v \frac{\partial u}{\partial y} + \frac{a^2}{\gamma}\frac{\partial \varrho}{\partial x} + \frac{2\varrho a}{\gamma}\frac{\partial a}{\partial x} = \sigma(-E_z - u B_y + v B_x) \cdot B_y, \tag{7.14}$$

$$\varrho u \frac{\partial v}{\partial x} + \varrho v \frac{\partial v}{\partial y} + \frac{a^2}{\gamma}\frac{\partial \varrho}{\partial y} + \frac{2\varrho a}{\gamma}\frac{\partial a}{\partial y} = \sigma(E_z + u B_y - v B_x) \cdot B_x$$

Der Energiesatz kann auf ähnlichem Weg aus (1.21) gewonnen werden: Man ersetzt div $\mathfrak{v}$ aus der Kontinuitätsgleichung, p aus (1.20), T durch $\frac{a^2}{\gamma R}$, j_z aus dem Ohmschen *Gesetz* in $j_z \cdot E_z$. Das Ergebnis ist

$$\varrho u^2 \frac{\partial u}{\partial x} + \varrho u v \frac{\partial v}{\partial x} + \varrho u v \frac{\partial u}{\partial y} + \varrho v^2 \frac{\partial v}{\partial y} + \frac{2\varrho u a}{\gamma - 1}\frac{\partial a}{\partial x} + \frac{2\varrho v a}{\gamma - 1}\frac{\partial a}{\partial y} = \sigma(E_z + u B_y - v B_x) \cdot E_z . \tag{7.15}$$

Wendet man auf das hyperbolische System (7.12), (7.14), (7.15) das *Charakteristikenverfahren* an, so erhält man für die 4 reellen charakteristischen Richtungen

$$\lambda_{1,2} = \frac{v}{u},$$

$$\lambda_{3,4} = \frac{uv}{u^2 - a^2} \pm \frac{a\sqrt{u^2 + v^2 - a^2}}{u^2 - a^2}, \tag{7.16}$$

auf denen man ein graphisch-numerisches Integrationsverfahren aufbauen kann [84].

Im *eindimensionalen instationären* (entkoppelten) Fall fanden Oppenheim und Rosciszewski [84] die 3 reellen

Charakteristiken

$$\lambda_1 = u_1, \qquad \lambda_{2,3} = u \pm a. \tag{7.17}$$

Wir erhalten also infolge der Entkopplung die *Charakteristiken der Gasdynamik*. Infolge der LORENTZ-*Kraft* und der JOULE*schen Wärme*, die beide die Charakteristiken nicht beeinflussen, da sie nicht als Koeffizient einer Ableitung auftreten, lauten allerdings die Verträglichkeitsbedingungen anders als in der Gasdynamik.

Viele Ergebnisse der *Magnetoaerodynamik* (*Flug*-MHD) wurden mit dem Verfahren der Entkopplung gewonnen (HUGHES [84]; vgl. auch [85], [86]).

Reihenentwicklungen

Bei kleinen elektrischen Leitfähigkeiten liegt es nahe, die Lösungen der MHD-Grundgleichungen nach Potenzen von σ oder der magnetischen REYNOLDS-Zahl Rm zu entwickeln [85]. Umgekehrt liegt es auch nahe, bei sehr großer Leitfähigkeit σ ($\sigma \neq \infty$) nach $\frac{1}{\sigma}$ zu entwickeln. In der Entwicklung der Lösungsfunktionen, z. B. $\boldsymbol{v} = \varepsilon \boldsymbol{v}_0 + \boldsymbol{v}_1$ und analog für p, ϱ etc., kann demgemäß der Entwicklungsparameter ε (dessen Potenzen $\varepsilon^2, \varepsilon^3, \ldots$ vernachlässigt werden) entweder durch $\varepsilon \sim \sigma$ oder $\varepsilon \sim \frac{1}{\sigma}$ bzw. $\varepsilon \sim Rm$ oder $\varepsilon \sim \frac{1}{Rm}$ gegeben sein. Die Ansätze der Art (4.1) führen für die Störgrößen mit dem Index 1 zu linearen partiellen Differentialgleichungen der Art (4.2) bis (4.4). Es zeigt sich allerdings, daß eine Entwicklung nach $\frac{1}{\sigma}$ nicht zweckmäßig ist: für große Leitfähigkeiten als auch für kleine Leitfähigkeiten sind die Charakteristiken vom Typ der Gasdynamik $u \pm a$, während *nur* für $\sigma = \infty$ die Charakteristiken $u \pm a^*$ der idealen MGD auftreten. Das heißt symbolisch

$$\lim_{\sigma \to \infty} \lambda(\sigma) \neq \lambda(\sigma = \infty), \quad \text{aber} \quad \lim_{\sigma \to 0} \lambda(\sigma) = \lambda(\sigma = 0).$$

Etwas günstiger ist die Situation bei der Parallelströmung mit großem σ, vgl. CAP, FALSER [85].

Linearisierung

Wie wir schon von der Theorie der MHD-Wellen wissen, kann unabhängig von der Größe von σ durch Ansätze der Art (4.2) bis (4.4) eine näherungsweise Linearisierung erzwungen werden [86]. Die sich ergebenden linearen partiellen Differentialgleichungen sind nach bekannten Methoden zu lösen — meist numerisch mittels Computer. Wenn man allerdings schon Computer heranziehen muß, dann werden meistens gleich die nicht linearisierten Gleichungen integriert.

Numerische Integration

Ist σ weder ganz klein noch ganz groß, dann kann man weder linearisieren noch in eine Reihe entwickeln. Es bleibt dann nur mehr die Methode der numerischen Integration, die man zweckmäßiger Weise auf einem Charakteristikenverfahren aufbaut. Da die Charakteristiken für $\sigma = \infty$ (ideale MHD) von ganz anderer Art als für jedes andere $\sigma (\sigma \neq \infty)$ sind, legt man den Verfahren als Grundlösung ein Problem mit $\sigma \neq \infty$ zugrunde.

H. FRIEDEL hat sowohl für zweidimensionale stationäre als auch für eindimensionale instationäre Strömungen eines nicht viskosen nicht wärmeleitenden Plasmas endlicher elektrischer Leitfähigkeit Lösungsverfahren angegeben und Beispiele gerechnet [87].

Der Grundgedanke geht davon aus, daß die Lösungen bei endlichem σ mehr den gasdynamischen Lösungen $(\sigma = 0)$ als den Lösungen für $\sigma = \infty$ gleichen. Die gasdynamische Lösung hat hyperbolische Charakteristiken, längs der die numerische Integration ein Stück fortgeführt werden kann. Hat man so in einem gewissen Bereich erste Näherungen für die unbekannten Größen gewonnen, dann kann man die zuerst vernachlässigten, von $\sigma \neq 0$ abhängigen Terme berechnen. Als Bereich kann man am besten nach HARTREE und CAP Streifen wählen, oder man zieht gleich die Methode der *sukzessiven Koeffizientenapproximation* nach GERMAY und KNAPP heran [87]. Stabilität und Konvergenz dieser für den eindimensionalen instationären und zweidimensionalen stationären Fall konzipierten Computermethoden wurden überprüft. Insbesondere das Verfahren für eindimensionale und instationäre Probleme wurde für die Berechnung von *Wanderwellenplasmabeschleunigern* und für die Untersuchung der *Struktur von Stößen* bei endlicher Leitfähigkeit des Plasmas mit Erfolg angewandt [87].

Die Methoden der *Ähnlichkeitstransformationen* werden meist bei nicht verschwindender Viskosität und/oder bei nicht verschwindender Wärmeleitung verwendet; wir werden sie daher später besprechen (§ 8).

7.3. *Stoßwellen im realen Plasma*

BECHERT hat schon 1940 in mehreren Arbeiten gezeigt, daß die Stoßwellen der Gasdynamik bei Berücksichtigung von Reibung und Wärmeleitung nicht unstetige, sondern sehr steile stetige Lösungen sind. Damit hat der Stoß auch eine gewisse Dicke und Struktur [88]. Ähnlich sind die Verhältnisse in der MGD. Wenn auch bisher zu BECHERT analoge Lösungen in der MGD nicht geglückt sind, so konnte doch von FRIEDEL gezeigt werden [89], daß schon allein eine Berücksichtigung endlicher elektrischer Leitfähigkeit den Stoß stetig macht. Es zeigt sich, daß die neuen Lösungen *nicht evolutionär* (vgl. S. MS 131) sind und daß das bei dissipationsfreien Stößen bestehende Problem der *Nichteindeutigkeit „schwacher" Lösungen* [90] sich für endliches σ nicht stellt. Auf diese mehr mathematischen, bei der Frage der Stabilität numerischer Integrationsverfahren allerdings wichtigen Probleme, können wir hier nicht eingehen; sie rühren daher, daß die Lösungsmannigfaltigkeit quasilinearer partieller Differentialgleichungen unendlich groß ist und daß man nur mit gewissen Schwierigkeiten eindeutige Lösungen erhält.

Eine „*schwache Lösung*" ist nämlich durch ihre Anfangswerte nicht eindeutig bestimmt; ein zusätzliches Auswahlprinzip, eben die *Bedingung der Evolution*, ist nötig. Schwache Lösungen, die irreversibel sind (t darf nicht durch $-t$ ersetzt werden, Entropie wächst, bei $\sigma \neq 0$, $\eta \neq 0$ sicher der Fall), werden in der Natur eher zu finden sein. Dissipation, z. B. die von LAX eingeführte „*künstliche*" (d. h. mathematisch zweckentsprechend angesetzte) *Viskosität*, garantiert einen stückweise stetigen Lösungsverlauf und kleinste Abrundungsfehler.

Diese neuen Methoden lassen nun für $\sigma \neq 0$, $\eta \neq 0$, $\varkappa \neq 0$ eine Untersuchung der *Struktur der Stoßfront* zu. Wir verweisen diesbezüglich auf die Literatur [91]. Nach FRIEDEL erhält man z. B. für $\sigma \neq 0$, $\eta = 0$, $\varkappa = 0$ für $\beta \ll 1$, d. h. $p \approx 0$ für die *Dicke der Stoßfront* die Abschätzung

$$d \approx \frac{2}{\mu_0 \sigma l c_{\mathrm{A}}} \frac{(B_1 + B_2)}{[B]\left[\dfrac{v}{c_{\mathrm{A}}}\right]} \quad \text{(praktisches Maßsystem)}, \qquad (7.18)$$

während SCHLÜTER

$$d = \frac{c^2}{4\pi\sigma c_{\mathrm{A}}} \frac{\dfrac{v}{c_A}}{\left(\dfrac{v}{c_A}\right)^2 - 1}$$

angibt.

Bei höherer Leitfähigkeit wird die Stoßfront dünner (bis einige freie Weglängen). Bei kleiner Leitfähigkeit und starkem Magnetfeld wird die Stoßfront breit und weniger steil.

Bei endlicher elektrischer Leitfähigkeit hat natürlich auch das *magnetische Kolbenproblem* einen anderen Charakter [92]. Auch läßt die größere Dissipation die Möglichkeit einer *Stoßwellenheizung* zu [93].

7.4. Plasmaströmungen mit Wärmeleitung

Obwohl die *Wärmeleitung* innerhalb des Plasmas meist vernachlässigt werden kann, muß doch der *Wärmeübergang* vom heißen Plasma an eine kalte Kanalwand, z. B. bei Problemen der MHD-Stromgeneratoren, berücksichtigt werden.

Die Berücksichtigung endlicher elektrischer Leitfähigkeit führte dazu, daß die *Induktionsgleichung* (1.16) von *zweiter Ordnung* wird — verwendet man allerdings statt (1.16) die MAXWELL-*Gleichungen*, so hat man wieder ein System erster Ordnung. Allerdings ist es so, daß bei den meisten praktisch interessanten Strömungen infolge der kleinen elektrischen Leitfähigkeit das induzierte $\boldsymbol{B}$-Feld keine Rolle spielt und man entkoppeln kann, vgl. §§ 7.1 und 7.2.

Wenn allerdings die *Viskosität* nicht mehr vernachlässigt werden kann, dann läßt sich eine Differentialgleichung 2. Ordnung (STOKES-NAVIER-*Gleichung*) nur vermeiden, wenn man auf den *Spannungstensor* π_{ik} zurückgeht, also z. B. in Band I, in (6.28) $\nabla\pi_{ik}$ setzt und daneben als weitere Gleichung erster Ordnung Band I, (6.27) verwendet.

Die Berücksichtigung der *Wärmeleitung* bewirkt, daß nun der Energiesatz eine Differentialgleichung von zweiter Ordnung wird (es sei denn, man führt den Wärmefluß nach Band I, (6.23) als eigene Variable ein). Die Berücksichtigung dissipativer Glieder *erhöht* also ganz allgemein die Ordnung der Differentialgleichungen gegenüber den Grundgleichungen der idealen MHD.

Das Auftauchen von Differentialquotienten zweiter Ordnung bzw. die Vermehrung der Anzahl der partiellen Differentialgleichungen führt zu komplexen oder zu entarteten Charakteristiken. Für den eindimensionalen instationären Fall gibt z. B. PAI [94] folgende Differentialgleichungen für die $\varphi(x, t) = \text{const}$-Charakteristiken des Systems von Differentialgleichungen erster Ordnung an:

1. $\eta \neq 0, \varkappa \neq 0, \frac{1}{\sigma} \neq 0,$

$$\frac{4}{3}\,\eta\varkappa\,\frac{1}{\mu_0\sigma}\left(\frac{\partial T}{\partial S}\right)_\varrho \cdot \varphi_x^6(\varphi_t + v\varphi_x) = 0, \tag{7.19}$$

$\left(\frac{\partial T}{\partial S}\right)_\varrho$ folgt aus $T(\varrho, S)$, T aus (1.20), p aus (2.14).

2. $\eta = 0, \varkappa \neq 0, \frac{1}{\sigma} \neq 0,$

$$\frac{\varkappa\varrho}{\sigma\mu_0}\left(\frac{\partial T}{\partial S}\right)_\varrho \varphi_x^4\big(\varphi_t + (v + a_i)\,\varphi_x\big) \cdot \big(\varphi_t + (v - a_i)\,\varphi_x\big) = 0, \tag{7.20}$$

wobei $a_i = \sqrt{RT}$ die *isotherme Schallgeschwindigkeit* ist, vgl. S. 61. (7.21)

3. $\eta \neq 0, \varkappa = 0, \frac{1}{\sigma} \neq 0,$

$$\frac{4}{3}\,\frac{\eta\varrho}{\mu_0\sigma}\left(\frac{\partial T}{\partial S}\right)_\varrho \varphi_x^4(\varphi_t + u\varphi_x)^2 = 0. \tag{7.22}$$

4. $\eta \neq 0, \varkappa \neq 0, \sigma = \infty,$

$$\frac{4}{3}\,\varkappa\eta\left(\frac{\partial T}{\partial S}\right)_\varrho \varphi_x^4(\varphi_t + u\varphi_x)^2 = 0, \tag{7.23}$$

5. $\eta = 0, \varkappa = 0, \frac{1}{\sigma} \neq 0,$

$$\varrho^2\left(\frac{\partial T}{\partial S}\right)_\varrho \frac{1}{\mu_0\sigma}\,\varphi_x^2(\varphi_t + u\varphi_x)\,\big(\varphi_t + (u + a)\,\varphi_x\big) \times \big(\varphi_t + (u - a)\,\varphi_x\big) = 0, \tag{7.24}$$

vgl. (7.17). a folgt aus (4.42).

6. $\eta = 0,\ \dfrac{1}{\sigma} = 0,\ \varkappa \neq 0,$

$$\varkappa \left(\frac{\partial T}{\partial S}\right)_\varrho \varrho \varphi_x^2 (\varphi_t + u\varphi_x) \big(\varphi_t + (u + a^*)\,\varphi_x\big)$$
$$\times \big(\varphi_t + (u - a^*)\,\varphi_x\big) = 0\,, \tag{7.25}$$

wo a^* nach (5.5) die *effektive Schallgeschwindigkeit* (*magnetoakustische Phasengeschwindigkeit*) ist.

7. $\eta \neq 0,\ \varkappa = 0,\ \dfrac{1}{\sigma} = 0,$

$$\frac{4}{3}\,\eta\,\varrho \left(\frac{\partial T}{\partial S}\right)_\varrho \varphi_x^2 (\varphi_t + u\varphi_x)^3 = 0.$$

8. $\eta = 0,\ \varkappa = 0,\ \dfrac{1}{\sigma} = 0\ (\sigma = \infty),$

$$\varrho^2 \left(\frac{\partial T}{\partial S}\right)_\varrho (\varphi_t + u\varphi_x)^2 \big(\varphi_t + (u + a^*)\,\varphi_x\big)$$
$$\cdot \big(\varphi_t - (u - a^*)\,\varphi_x\big) = 0,$$

vgl. (6.2).

Die Lösung dieser 8 Differentialgleichungen ergibt die zum Teil schon auf S. **61** besprochenen Charakteristiken.

Da die entarteten parabolischen Charakteristiken $\varphi_x = 0$ (d. h. $t = \text{const}$) in allen nicht idealen Fällen, also in den Fällen 1.—7. auftreten, werden die schon durch $\sigma \neq \infty$ erschwerten Verhältnisse durch $\varkappa \neq 0$ oder $\eta \neq 0$ noch mehr kompliziert. Nur die Kombination von *Ähnlichkeitstransformationen* und *Computerberechnung* oder die direkte *numerische Integration* verhelfen dann zu Lösungen. Es ist dann aber zweckmäßig, gleich $\eta \neq 0$ anzunehmen, weshalb wir die Diskussion dieser Methoden auf § 8 verschieben.

§ 8. Viskose Strömungen mit Wärmeleitung

8.1. Das Grenzschichtproblem

Infolge der *Haftbedingung* (1.32), d. h. infolge der *Adhäsion* zwischen Strömungsmedium und Kanalwand, ruht das Medium direkt an der Wand. Da es aber in einer gewissen Entfernung von der Wand strömt, bildet sich in der Richtung senkrecht zur Wand ein in erster Näherung lineares Geschwindigkeitsprofil $\frac{\partial \boldsymbol{v}}{\partial n}$ aus, das zu *Schubspannungen* Anlaß gibt (vgl. Band I, S. 149). Weiter in der Strömungsmitte wird die Geschwindigkeitsverteilung gleichförmiger, so daß die Viskosität vorwiegend in der relativ dünnen *Grenzschicht* (Dicke δ) eine Rolle spielt.

Wir betrachten eine zweidimensionale stationäre Strömung eines leitenden viskosen Plasmas mit der folgenden Geometrie [95]:

$$\boldsymbol{v} = (u, v, 0), \quad \boldsymbol{B} = (0, 0, B), \quad \frac{\partial}{\partial t} = \frac{\partial}{\partial z} = 0. \tag{8.1}$$

l sei die Länge des Strömungskanals in der x-Richtung, δ sei die *Grenzschichtdicke* oder eine andere den Kanal in der y-Richtung *charakterisierende Länge*, z. B. die lichte Weite an einer bestimmten Stelle — die Kanalwände können ja divergent sein, vgl. Abb. 14. Führt man nun unter Verwendung von $\frac{p}{p_0}$, $\frac{B}{B_0}$, $\frac{\varrho}{\varrho_0}$, $\frac{u}{u_0}$, $\frac{v}{v_0}$, $\frac{x}{l}$, $\frac{y}{d}$ dimensionslose Größen ein, die wir mit p, B etc. bezeichnen, so erhält man unter Verwendung der dimensionslosen Kennziffern

$$N = \frac{p_0}{\varrho_0 u_0} \quad (\textit{Druckkoeffizient}), \tag{8.2}$$

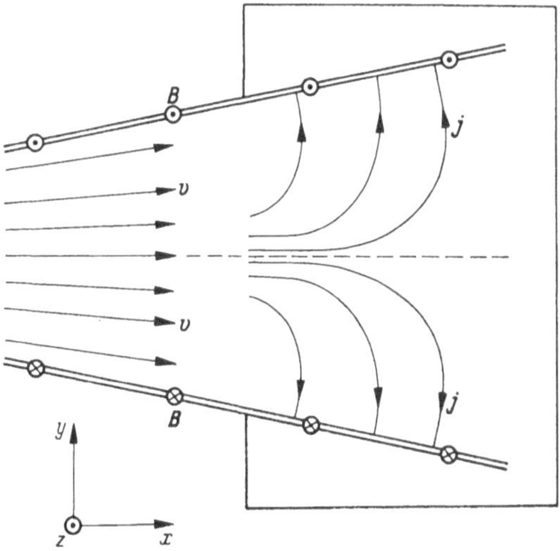

Abb. 14. Divergenter Kanal

$$Co = \frac{B_0^2}{2 u_0^2 \varrho_0} \qquad \text{(Cowling-}\textit{Zahl}\text{)}, \tag{8.3}$$

$$\alpha = \frac{\delta}{l}, \quad \beta = \frac{v_0}{u_0} \qquad \Big(\textit{Seitenverhältnis, Geschwindigkeitsverhältnis}\ (8.4)\Big)$$

sowie von Rm nach (1.19) die folgenden Gleichungen:

Massenerhaltung

$$\alpha u \frac{\partial \varrho}{\partial x} + \beta v \frac{\partial \varrho}{\partial y} + \alpha \varrho \frac{\partial u}{\partial x} + \beta \varrho \frac{\partial v}{\partial y} = 0, \tag{8.4}$$

Impulserhaltung

$$\alpha u \frac{\partial u}{\partial x} + \beta v \frac{\partial u}{\partial y} + N \frac{\alpha}{\varrho} \frac{\partial p}{\partial x} + Co \frac{\alpha B}{\varrho} \frac{\partial B}{\partial x} = 0, \tag{8.5}$$

$$\alpha \beta u \frac{\partial v}{\partial x} + \beta^2 v \frac{\partial v}{\partial y} + N \frac{\alpha}{\varrho} \frac{\partial p}{\partial y} + Co \frac{\alpha B}{\varrho} \frac{\partial B}{\partial y} = 0, \tag{8.6}$$

Energieerhaltung

$$\alpha u \frac{\partial p}{\partial x} + \beta v \frac{\partial p}{\partial y} - \frac{\gamma p}{\varrho}\left(\alpha u \frac{\partial \varrho}{\partial x} + \beta v \frac{\partial \varrho}{\partial y}\right)$$
$$- \frac{(\gamma - 1)\, Co}{Rm N}\left[\left(\frac{\partial B}{\partial y}\right)^2 + \alpha^2 \left(\frac{\partial B}{\partial x}\right)^2\right] = 0, \qquad (8.7)$$

Induktionsgleichung

$$\alpha u \frac{\partial B}{\partial x} + \beta v \frac{\partial B}{\partial y} + \alpha B \frac{\partial u}{\partial x} + \beta B \frac{\partial v}{\partial y}$$
$$- \frac{1}{Rm}\left(\frac{\partial^2 B}{\partial y^2} + \alpha^2 \frac{\partial^2 B}{\partial x^2}\right) = 0. \qquad (8.8)$$

Die sogenannte *Grenzschichtnäherung* besteht nun in der Annahme, daß die Grenzschicht sehr dünn ist, d. h., daß quadratische Terme von $\frac{\delta}{l} \ll 1$ vernachlässigt werden können und daß die Quergeschwindigkeit $v_0 \ll u_0$, d. h. $\beta^2 \approx 0$. Mit $\alpha^2 \approx \beta^2 \approx \alpha\beta \simeq 0$ bleiben (8.4) und (8.5) ungeändert, während (8.6), (8.7) und (8.8) übergehen in

$$N \frac{\partial p}{\partial y} + \frac{Co}{2} \frac{\partial B^2}{\partial y} = 0 = \frac{\partial p^*}{\partial y}, \qquad (8.9)$$

$$\alpha u \frac{\partial p}{\partial x} + \beta v \frac{\partial p}{\partial y} - \frac{\gamma p}{\varrho}\left(\alpha u \frac{\partial \varrho}{\partial x} + \beta v \frac{\partial \varrho}{\partial y}\right)$$
$$= \frac{(\gamma - 1)\, Co}{Rm N}\left(\frac{\partial B}{\partial y}\right)^2, \qquad (8.10)$$

$$\alpha u \frac{\partial B}{\partial x} + \beta v \frac{\partial B}{\partial y} + \alpha B \frac{\partial u}{\partial x} + \beta B \frac{\partial v}{\partial y} = \frac{1}{Rm} \frac{\partial^2 B}{\partial y^2}. \qquad (8.11)$$

Die 5 partiellen Differentialgleichungen (8.4), (8.5), (8.9) bis (8.11) können durch eine *Ähnlichkeitstransformation* in gewöhnliche Differentialgleichungen überführt werden. Um zu prüfen, ob eine Ähnlichkeitstransformation überhaupt möglich ist, führen wir zunächst eine *Hilfstransformation* [96]

$$\begin{aligned} &x \to a^m x, \quad y \to a^n y, \quad u \to a^c u, \quad v \to a^d v, \\ &\varrho \to a^e \varrho, \quad p \to a^f p, \quad B \to a^g B, \quad p^* \to a^h p^* \end{aligned} \tag{8.12}$$

durch ($a \neq 0$). Setzt man in die partiellen Differentialgleichungen ein, so werden diese nur erfüllt, wenn zwischen den in (8.12) enthaltenen Konstanten gewisse sich ergebende lineare Gleichungen bestehen. Dies bedeutet, daß eine Ähnlichkeitstransformation existiert. Die Auflösung dieser 5 Gleichungen liefert für die 7 Unbekannten $\frac{u}{m}$, $\frac{c}{m}$, $\frac{d}{m}$, $\frac{e}{m}$, $\frac{f}{m}$, $\frac{g}{m}$, $\frac{h}{m}$ lineare Kombinationen, die naturgemäß die Unbekannten nur bis auf 2 freie Parameter bestimmen. Nennt man diese 2 Parameter s und t und setzt willkürlich $\frac{n}{m} = s$, $\frac{f}{m} = t$ (was der Bau der Gleichungen nahelegt), dann erhält man

$$\begin{aligned} &\frac{n}{m} = s, \quad \frac{c}{m} = 1 - 2s, \quad \frac{d}{m} = -s, \quad \frac{e}{m} = 4s + t - 2, \\ &\frac{f}{m} = t, \quad \frac{g}{m} = \frac{t}{2}, \quad \frac{h}{m} = t. \end{aligned} \tag{8.13}$$

Nun machen wir für die eigentliche Ähnlichkeitstransformation den (die Variable x eliminierenden) Ansatz

$$\begin{gathered} \eta = \frac{v}{x^s}, \quad u(\eta) = \frac{u(x, y)}{x^{1-2s}}, \quad v(\eta) = \frac{v(x, y)}{x^{-s}}, \\ \varrho(\eta) = \frac{\varrho(x, y)}{x^{4s+t-2}}, \\ p(\eta) = \frac{p(x, y)}{x^t}, \quad p^*(\eta) = p^*(x)\, x^t, \quad B(\eta) = \frac{B(x, y)}{x^{s/2}}. \end{gathered} \tag{8.14}$$

Setzt man dies ein, so erhält man 5 nichtlineare gewöhnliche Differentialgleichungen, die sich unter vereinfachenden Annahmen (z. B. gewisse Symmetrieeigenschaften) sogar geschlossen integrieren lassen [95].

In anderen Fällen (z. B. $Rm \to \infty$) läßt sich eine Stromfunktion Ψ einführen, die einer partiellen Differentialgleichung genügt. Auch für $Rm = 0$ und inkompressibles Medium läßt sich eine der PRANDTL*schen Grenzschichtgleichung* ähnliche nichtlineare partielle Differentialgleichung dritter Ordnung finden [97]. Auch das (inkompressible) RAYLEIGH-*Problem* (in der Strömungsrichtung unendlich ausgedehnte, zur Zeit $t = 0$ ruckartig in Bewegung gesetzte Platte) und die COUETTE-*Strömung* als Modell für *laminare Grenzschichten* wurden mit verschiedenen Methoden ($Rm \ll Re$, Linearisierung, LAPLACE-*Transformation*) untersucht.

Eingehendere Untersuchungen z. B. von SEARS zeigten, daß insbesondere bei großen Rm und kleinen PRANDTL-*Zahlen*

$$Pm = \frac{Rm}{Re} \tag{8.15}$$

(also auch großen Re) zwei mehr oder minder deutlich getrennte Grenzschichten auftreten: eine innere (der Wand näher liegende) durch die *Viskosität bedingte*, und eine äußere, *magnetische Grenzschicht* (ALFVÉN-*Schicht*), an die sich erst die freie Strömung anschließt. Diese ist oft eine *Potentialströmung*, da die Wirbel mit wachsendem Abstand von der Wand immer stärker gedämpft werden. Innerhalb der magnetischen Grenzschicht ändert sich das Geschwindigkeitsprofil nicht mehr sehr stark — ja die Geschwindigkeit in ihr kann sogar größer sein als in der Potentialströmung, vgl. Abb. 15. In der magnetischen Grenzschicht ist nicht nur die Strömungsgeschwindigkeit, sondern auch die elektrische Stromdichte und die Wirbelstärke $\boldsymbol{W}$ (2.1) groß. Die magnetische REYNOLDS-*Zahl* Rm bestimmt die Dicke der magnetischen Grenzschicht, die gewöhnliche REYNOLDS-*Zahl* Re legt die Dicke der viskosen Grenzschicht fest. Je größer Re, um so dünner ist die viskose Schicht (HARTMANN-*Schicht*) und je größer Rm, desto dünner ist die magnetische Schicht. Im Grenzfall $Rm \to \infty$ geht die magnetische Grenzschicht in eine

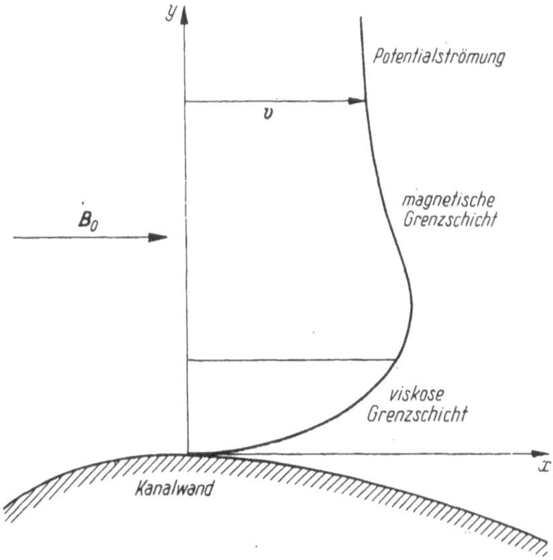

Abb. 15. Die zwei Grenzschichten eines Plasmas

dünne Stromschicht (*Wirbelschicht*) über. Da $Pm = \dfrac{Rm}{Re}$ meist klein ist (flüssige Metalle $\sim 10^{-6}$, ionisierte Luft $\sim 10^{-7}$), ist die viskose Schicht meistens dünner als die magnetische.

Steht $\boldsymbol{B}$ senkrecht auf der Wand (Platte), dann erhält man (HUGHES [97])

$$\delta_{\text{viskos}} \approx \left(\frac{\eta}{\sigma}\right)^{1/2} B_0 = \frac{\varrho v^2 l^2 \mu_0}{Re\, Rm}, \tag{8.16}$$

$$\delta_{\text{magnet}} \approx \left(\frac{\eta x}{v_0}\right)^{1/2} = \frac{\varrho v l^2 \sigma x}{Re\, Rm} \tag{8.17}$$

(x ist die Koordinate in der Strömungsrichtung).

In diesem Fall ($\boldsymbol{B} \perp \boldsymbol{v}$) löst sich die ALFVÉN-*Schicht* nach einer Strecke $\approx \frac{\mu_0 \varrho v_0 \eta}{B_0} = \frac{Re\, Rm\, \eta^2}{l^2 B_0 \eta v}$ von der HARTMANN-*Schicht* ab. Für $Rm \to \infty$ verschwindet in diesem Fall auch die viskose Schicht.

Liegt $\boldsymbol{B}$ parallel zu $\boldsymbol{v}$, also auch parallel zur Wand, dann kann die Grenzschicht nicht nur, wie im Fall der Hydrodynamik, in der Strömungsrichtung von vorn nach hinten wachsen, sondern auch in der entgegengesetzten Richtung (also *stromaufwärts*!) und auch in beiden Richtungen gleichzeitig. Stromaufwärts wächst die Grenzschicht bei sehr kleinem Pm oder wenn $Rm \to \infty$, $Pm \to \infty$. (Im Falle $\boldsymbol{B} \perp \boldsymbol{v}$ gibt es *kein* stromaufwärts Wachsen.) Da die ALFVÉN-*Schicht* große Stromdichten enthält, wird $\boldsymbol{B}$ in der freien Strömung vermindert. Dies führt u. a. dazu, daß durch das Magnetfeld der Widerstand eines sich im Plasma bewegenden Körpers erhöht (und der Wärmeübergang erniedrigt) wird. Bei magnetischen Überschallgeschwindigkeiten kann durch ionisierende Stöße das Strömungsmedium vom umströmten Körper stark weggedrängt werden, so daß die Wandreibung verringert wird. An *Elektroden*, z. B. in MHD-*Stromgeneratoren*, treten spezielle *Grenzschichtprobleme* auf [98], die wir hier aus Platzmangel nicht behandeln können. Bei diesen *Elektrodengrenzschichten* spielen elektrische Effekte eine größere Rolle als die Viskosität.

8.2. Wärmeleitendes Plasma

In vielen Kanalströmungen, in denen heißes Plasma die Wände berührt, kann der *Wärmeübergang* an die Wand und die *Wärmeleitung* im Plasma nicht mehr vernachlässigt werden. Nimmt man beliebig große, aber konstante Viskosität η, elektrische Leitfähigkeit σ, Wärmeleitfähigkeit $\varkappa$ und eine stationäre $\left(\frac{\partial}{\partial t} = 0\right)$ zweidimensionale Strömung $v_x(x, y)$, $v_y(x, y)$ mit $\boldsymbol{B} \perp \boldsymbol{v}$, also $\boldsymbol{B}(0, 0, B)$, an, so erhält man aus (1.1), (1.3) mit $\eta' = 0$, (1.16), (1.21) ein System von komplizierten nichtlinearen partiellen Differentialgleichungen. Diese können nun mit Hilfe der *Grenzschichtnäherung* vereinfacht werden [99], doch gelingt es mit Hilfe von *Ähnlichkeitstransformationen*, auch eine exakte Lösung zu finden [99]. Allerdings haben *Ähnlichkeitslösungen* den Nachteil, daß sie nur gewisse spezielle Randbedingungen zulassen.

Das Gleichungssystem lautet (exakt):

Massenerhaltung

$$\frac{\partial(\varrho v_x)}{\partial x} + \frac{\partial(\varrho v_y)}{\partial y} = 0, \tag{8.18}$$

Impulserhaltung

$$\varrho\left(v_x \frac{\partial v_x}{\partial x} + v_y \frac{\partial v_y}{\partial y}\right) = -\frac{\partial p^*}{\partial x} + \eta \Delta v_x,$$

$$\varrho\left(v_x \frac{\partial v_y}{\partial x} + v_y \frac{\partial v_y}{\partial y}\right) = -\frac{\partial p^*}{\partial y} + \eta \Delta v_y, \tag{8.19}$$

Induktionsgleichung

$$\frac{\partial}{\partial x}(B v_x) + \frac{\partial}{\partial y}(B v_y) = \frac{1}{\mu_0 \sigma} \Delta B, \tag{8.20}$$

Energiesatz

$$\begin{aligned} c_v \varrho\left(v_x \frac{\partial T}{\partial x} + v_y \frac{\partial T}{\partial y}\right) + p\left(\frac{\partial v_x}{\partial x} + \frac{\partial v_y}{\partial y}\right) &= \frac{1}{\mu_0^2 \sigma}\left(\left(\frac{\partial B}{\partial x}\right)^2\right. \\ &\quad \left. + \left(\frac{\partial B}{\partial y}\right)^2\right) + \varkappa \Delta T + \eta\left\{2\left[\left(\frac{\partial v_x}{\partial x}\right)^2 + \left(\frac{\partial v_y}{\partial y}\right)^2\right]\right. \\ &\quad \left. + \left(\frac{\partial v_x}{\partial y} + \frac{\partial v_y}{\partial x}\right)^2 - \left(\frac{\partial v_x}{\partial x} + \frac{\partial v_y}{\partial y}\right)^2\right\}, \end{aligned} \tag{8.21}$$

Zustandsgleichung

$$p = \frac{\varrho R}{M} T. \tag{8.22}$$

Dazu kommen noch die Randbedingungen (1.31) und (1.32). Diese Differentialgleichungen lassen sich mit Hilfe einer Ähnlichkeitstransformation der Art (8.14) in gewöhnliche Differentialgleichungen überführen, die dann z. B. mittels der LIE-*Reihenmethode* [100] analytisch oder mit Hilfe eines Computers integriert werden [99].

Andere Autoren verwenden eine *Stromfunktion*, *Analogrechenanlagen*, numerische Computerverfahren zur direkten Integration der partiellen Differentialgleichungen, die VON MISES-*Transformation* für die Gleichungen in Grenzschichtnäherung, die KARMAN-POHLHAUSEN-*Integralmethode*, *Integralmethoden nach* GALERKIN-KANTOROWITSCH-DORODNITSYN etc., vgl. die Literaturübersicht [101].

Im allgemeinen ergeben sich folgende Schlüsse:

1. Mit wachsendem Magnetfeld und steigender elektrischer Leitfähigkeit gehen der Reibungswiderstand an der Wand und der Wärmeübergang an die Wand zurück.

2. Die Temperaturabhängigkeit der elektrischen Leitfähigkeit darf nicht vernachlässigt werden.

3. Bei inkompressibler Betrachtungsweise kann man v_x, v_y, p und B aus (8.18) bis (8.20) ausrechnen und erst nachher $T(x, y)$ aus (8.21) bestimmen. (Man beachte, daß (8.22) für inkompressible Medien nicht gilt!)

4. Neben der viskosen und der magnetischen Grenzschicht kommt es zur Ausbildung einer meist relativ dicken *thermischen Grenzschicht.*

5. Bei Berücksichtigung der Kompressibilität besteht eine Wechselwirkung zwischen thermischer und *dynamischer Grenzschicht* (= viskose + magnetische Grenzschicht), so daß das gesamte Gleichungssystem simultan gelöst werden muß.

6. Der HALL-*Parameter* hat einen gewissen, allerdings nicht sehr großen Einfluß auf die Temperaturverteilung.

7. Die Temperaturabhängigkeit der elektrischen Leitfähigkeit kann zu *Hysteresiserscheinungen der Wandreibung* führen (CHEKMAREV [101]).

8. Wird die Strömung *turbulent*, so werden die Wärmeleitungs- und Wärmeübergangseffekte vergrößert.

9. Die experimentelle Erfahrung lehrt, daß an stromführenden Wänden besonders hohe Wärmeflüsse auftreten. Die freien Elektronen erhöhen durch verschiedene Prozesse den Energietransport.

In der Nähe von Elektroden existiert kein thermodynamisches Gleichgewicht, so daß besser ein Zweiflüssigkeitsmodell (*Zweitemperaturmodell*) verwendet wird.

Der Wärmeübergang wird auch in der Plasmaphysik durch die NUSSELT-*Zahl*

$$Nu = \frac{\alpha}{\varkappa} d \tag{8.23}$$

beschrieben. d ist eine charakteristische Abmessung, $\varkappa$ ist die Wärmeleitfähigkeit und α ist die *Wärmeübergangszahl des* NEWTON*schen Gesetzes* des Wärmestroms an der Wand

$$q = \alpha(T_{Plasma} - T_{Wand}). \tag{8.24}$$

Bei vielen Problemen läßt sich die NUSSELT-*Zahl* als Funktion der REYNOLDS-*Zahl* Re darstellen.

§ 9. Instabilität von Plasmaströmungen

9.1. Ursachen für das Instabilwerden von Strömungen

Wir haben bisher noch nicht davon gesprochen, daß Strömungsvorgänge nur für einen gewissen Bereich der sie charakterisierenden Parameter (z. B. der REYNOLDS-*Zahl*) *stabil* verlaufen. Außerhalb dieses Bereiches reagieren Strömungen auf kleine Störungen, sie werden *instabil*, d. h., die physikalischen Größen werden stark anwachsende Funktionen der Zeit.

Um zu untersuchen, ob eine gegebene Strömung stabil ist, müssen wir prüfen, wie sie sich gegenüber einer kleinen Störung verhält — wächst die Störung an (*instabiles Verhalten*) oder wird sie gedämpft (*stabiles Verhalten*)? Der geometrische Ort aller Punkte, die im Parameterraum das *Stabilitätsgebiet* umgrenzen, heißt in der englischen Literatur Zustand der *marginalen* (oder *neutralen*) *Stabilität*.

Wenn der Zustand der Stabilität verlassen wird, so kann dies prinzipiell auf drei Arten geschehen (vgl. auch Band II, § 12.1).

1. Die auftretende Störung wird *aperiodisch* gedämpft (oder wächst aperiodisch an): $\sim e^{i\omega t}$, $\omega = \omega_r + i\omega_i$, $\omega_r = 0$, $\omega_i > 0$ bedeutet Stabilität, $\omega_i < 0$ bedeutet Anwachsen der Störung, also Instabilität.

Derartige Störungen gehen von Strömungen mit stationären Verteilungen (Profilen) aus; es bilden sich *Sekundärströmungen* oder *Zellenstrukturen* aus.

2. Die Störung wird *periodisch* gedämpft oder wächst periodisch (d. h. oszillierend) an: periodische Instabilität, d. h. $\omega_r \neq 0$, $\omega_i > 0$ Stablität, $\omega_i < 0$ Instabilität.

Derartige Störungen gehen von Strömungszuständen aus, die durch eine charakteristische Frequenz gekennzeichnet werden können. EDDINGTON nannte das Einsetzen einer *periodischen Instabilität* „*overstable*" („*überstabil*"), da die rücktreibenden (stabilisierenden) Kräfte gewissermaßen *über* das Ziel (die stabile Ruhelage) hinausschießen, so daß es zu einer aufschaukelnden Schwingung kommt.

3. In nicht dissipativen (ungedämpften) Medien führen die stabilen Zustände *ungedämpfte*, aber auch nicht anwachsende Schwingungen mit einer charakteristischen Frequenz ω_r durch. Instabile Störungen hingegen wachsen mit der Zeit *exponentiell* an, d. h. $e^{-\omega i t}$, $\omega_i < 0$.

Da bei der Stabilitätsuntersuchung nur interessiert, ob eine kleine Störung anwächst oder nicht, genügt es, von den linearisierten Gleichungen auszugehen. Es kann allerdings sein, daß in einer exakten nichtlinearen Stabilitätstheorie (die man noch nicht hat) in der linearen Theorie als instabil klassifizierte Zustände sich als stabil erweisen. Andererseits scheinen Versuche zu zeigen, daß echte nichtlineare Instabilitäten mit großer Amplitude existieren, die durch die lineare Analyse nicht erfaßt werden. Da es die lineare Theorie nicht gestattet, das weitere Anwachsen einer eben entstandenen Instabilität zu beschreiben, kann auch über *Turbulenz* der Strömung nichts ausgesagt werden.

Physikalische *Ursachen* für die Entstehung von *Strömungsinstabilitäten* sind alle Faktoren, die zu Plasmainstabilitäten nach der MHD-Theorie führen, vgl. Band II. Im Rahmen der MHD sind jedoch von größerem Interesse

1. der Umschlag einer *laminaren* Strömung (z. B. HARTMANN-*Strömung*) in eine *turbulente* Strömung, der bei Überschreitung gewisser *kritischer Werte der* REYNOLDS-*Zahl* auftritt,
2. *thermische Instabilität* und *Konvektion*, erzeugt durch Heizung vom Rand,
3. Instabilitäten durch *Geschwindigkeitssprünge* zwischen zwei Schichten des strömenden Mediums (KELVIN-HELMHOLTZ-*Instabilität*), vgl. Band II, § 13.6

Einige dieser Probleme wollen wir nun behandeln.

9.2. Stabilität der Hartmann-Strömung

Wir wollen nun mit den oben besprochenen Methoden die Stabilität der (inkompressiblen) HARTMANN-*Strömung* untersuchen [102]. Natürlich können wir dabei nicht von den stark spezialisierten Gleichungen (3.4) bis (3.10) ausgehen, sondern müssen die vollen Gleichungen verwenden, da nur diese die für uns interessanten Sekundärströmungen und Störungen enthalten. Die geometrische

Situation sei dieselbe wie in Abb. 2, d. h. $\frac{\partial}{\partial y} = 0$, $B_y = 0$; $v_x = u$, $v_y = 0$, jedoch $v_z = v \neq 0$, $B_{0x} = 0$, $B_{1x} \neq 0$, $B_{0z} = B_0$ (äußeres Feld). Damit lauten die Grundgleichungen (3.1) bis (3.3)

$$\frac{\partial u}{\partial x} + \frac{\partial v}{\partial z} = 0, \tag{9.1}$$

$$\frac{\partial u}{\partial t} + u\frac{\partial u}{\partial x} + v\frac{\partial u}{\partial z} = -\frac{1}{\varrho}\frac{\partial p^*}{\partial x} + \frac{1}{\mu\varrho}\left(B_x\frac{\partial B_x}{\partial x} + B_z\frac{\partial B_x}{\partial z}\right) + \frac{\eta}{\varrho}\left(\frac{\partial^2 u}{\partial x^2} + \frac{\partial^2 u}{\partial z^2}\right), \tag{9.2}$$

$$\frac{\partial v}{\partial t} + u\frac{\partial v}{\partial x} + v\frac{\partial v}{\partial z} = -\frac{1}{\varrho}\frac{\partial p^*}{\partial z} + \frac{1}{\mu\varrho}\left(B_x\frac{\partial B_z}{\partial x} + B_z\frac{\partial B_z}{\partial z}\right) + \frac{\eta}{\varrho}\left(\frac{\partial^2 v}{\partial x^2} + \frac{\partial^2 v}{\partial z^2}\right), \tag{9.3}$$

$$\frac{\partial B_x}{\partial t} + u\frac{\partial B_x}{\partial x} + v\frac{\partial B_x}{\partial z} - B_x\frac{\partial u}{\partial x} - B_z\frac{\partial u}{\partial z} = \frac{1}{\mu\sigma}\left(\frac{\partial^2 B_x}{\partial x^2} + \frac{\partial^2 B_x}{\partial z^2}\right), \tag{9.4}$$

$$\frac{\partial B_z}{\partial t} + u\frac{\partial B_z}{\partial x} + v\frac{\partial B_z}{\partial z} - B_x\frac{\partial v}{\partial x} - B_z\frac{\partial v}{\partial z} = \frac{1}{\mu\sigma}\left(\frac{\partial^2 B_z}{\partial x^2} + \frac{\partial^2 B_z}{\partial z^2}\right). \tag{9.5}$$

Um den Gesamtdruck p^* zu eliminieren, differenzieren wir (9.2) nach z, (9.3) nach x und subtrahieren voneinander:

$$\frac{\partial}{\partial t}\left(\frac{\partial v}{\partial x} - \frac{\partial u}{\partial z}\right) + u\frac{\partial}{\partial x}\left(\frac{\partial v}{\partial x} - \frac{\partial u}{\partial z}\right) + v\frac{\partial}{\partial z}\left(\frac{\partial v}{\partial x} - \frac{\partial u}{\partial z}\right)$$

$$= \frac{1}{\mu \varrho} \left[B_x \frac{\partial}{\partial x} \left(\frac{\partial B_z}{\partial x} - \frac{\partial B_x}{\partial z} \right) + B_z \frac{\partial}{\partial z} \left(\frac{\partial B_z}{\partial x} - \frac{\partial B_x}{\partial z} \right) \right]$$

$$+ \frac{\eta}{\varrho} \Delta \left(\frac{\partial v}{\partial x} - \frac{\partial u}{\partial z} \right). \tag{9.6}$$

Bei der Ableitung von (9.6) haben wir (9.1) und $\operatorname{div} \boldsymbol{B} = 0$, d. h. $\frac{\partial B_x}{\partial x} + \frac{\partial B_z}{\partial z} = 0$ verwendet.

Wir führen nun *Stromfunktionen* ein durch

$$u = \frac{\partial \Psi}{\partial z}, \quad v = -\frac{\partial \Psi}{\partial x}, \quad B_x = \frac{\partial \varphi}{\partial z}, \quad B_z = -\frac{\partial \varphi}{\partial x} \tag{9.7}$$

und erhalten aus (9.6)

$$\frac{\partial \Delta \Psi}{\partial t} + u \frac{\partial \Delta \Psi}{\partial x} + v \frac{\partial \Delta \Psi}{\partial z} - \frac{1}{\mu \varrho} \left(B_x \frac{\partial \Delta \varphi}{\partial x} \right.$$

$$\left. + B_z \frac{\partial \Delta \Phi}{\partial z} \right) = \frac{\eta}{\varrho} \Delta \Delta \Psi. \tag{9.8}$$

Macht man nun den *Störungsansatz* (Ansatz nach *Eigenschwingungen* oder „normal modes")

$$\Psi(x, z, t) = \Psi_0(z) + \Psi_1(z) \, e^{i(kx - \omega t)},$$

$$\psi(x, z, t) = \varphi_0(x, z) + \varphi_1(z) \, e^{i(kx - \omega t)}, \tag{9.10}$$

wobei die Grundgrößen nach der HARTMANN-Lösung nach S. 35 sowie nach (3.24) durch

$$\frac{\partial \Psi_0}{\partial x} = - v_{0z} = 0, \quad \frac{\partial \Psi_0}{\partial z} = v_x \to U(Z), \quad \frac{\partial \varphi_0}{\partial x} = - B_{0z},$$

$$\frac{\partial \varphi_0}{\partial z} = B_{1x} \tag{9.11}$$

bestimmt sind.

(B_{1x} ist das von der ungestörten Strömung induzierte Magnetfeld und ***nicht*** das in Ψ_1 steckende Magnetfeld der Störung.)

Setzt man (9.7) und (9.10) in (9.8) sowie in (9.4) und (9.5) ein, wobei quadratische und höhere Terme von Ψ_1 und φ_1 vernachlässigt werden (*lineare Theorie*), so erhält man nach Einführung dimensionsloser Größen nach (3.16), (1.19), (1.9), (1.8) sowie von

$$\tilde{\Psi} = \frac{\Psi_1}{u_0 a}, \; \tilde{\varphi} = \frac{\varphi_1}{B_0 a}, \; \tilde{k} = k a, \; \tilde{c} = \frac{\omega}{k u_0} \tag{9.12}$$

aus (9.8)

$$(U - \tilde{c}) \left(\frac{\mathrm{d}^2 \tilde{\Psi}}{\mathrm{d} Z^2} - \tilde{k}^2 \tilde{\Psi} \right) - \frac{\mathrm{d}^2 U}{\mathrm{d} Z^2} \tilde{\Psi} + \frac{i}{\tilde{k} \, Re} \left(\frac{\mathrm{d}^4 \Psi}{\mathrm{d} Z^4} - 2 \tilde{k}^2 \cdot \frac{\mathrm{d}^2 \tilde{\Psi}}{\mathrm{d} Z^2} + \tilde{k}^4 \tilde{\Psi} \right) = A_0^2 \left[\tilde{B} \left(\frac{\mathrm{d}^2 \tilde{\varphi}}{\mathrm{d} Z^2} - \tilde{k}^2 \tilde{\varphi} \right) - \frac{1}{\tilde{k}} \cdot \left(\frac{\mathrm{d}^3 \tilde{\varphi}}{\mathrm{d} Z^3} - \tilde{k}^2 \frac{\mathrm{d} \tilde{\Phi}}{\mathrm{d} Z} \right) - \frac{\mathrm{d}^2 \tilde{B}}{\mathrm{d} Z^2} \tilde{\varphi} \right], \tag{9.13}$$

während sich aus (9.4) und (9.5)

$$\tilde{B} \tilde{\Psi} - \frac{i}{\tilde{k}} = (U - \tilde{c}) \, \tilde{\varphi} + \frac{i}{\tilde{k} \, Rm} \left(\frac{\mathrm{d}^2 \tilde{\varphi}}{\mathrm{d} Z^2} - \tilde{k}^2 \tilde{\varphi} \right) \tag{9.14}$$

ergibt.

Für viele Gase ist die PRANDTL-*Zahl* nach (1.24) sehr klein. Vernachlässigt man sie daher und führt man eine weitere Kennziffer

$$S = \frac{\sigma B_0^2 a}{\varrho u_0} \doteq \frac{\text{LORENTZ-Kraft}}{\text{Trägheitskraft}} = \frac{H a^2}{Re} = \frac{A_0^2}{Rm} \tag{9.15}$$

ein (*magnetischer Wechselwirkungsparameter*), so kann man $\tilde{\Phi}$ aus (9.14) und (9.13) eliminieren und die sich ergebende

Gleichung wie folgt schreiben

$$(U - \tilde{c})\left(\frac{\mathrm{d}^2\tilde{\Psi}}{\mathrm{d}Z^2} - \tilde{k}^2\tilde{\Psi}\right) - \frac{\mathrm{d}^2 U}{\mathrm{d}Z^2}\varphi + \frac{i}{\tilde{k}\,Re}\left(\frac{\mathrm{d}^4\tilde{\Psi}}{\mathrm{d}Z^4} - 2\tilde{k}^2 \cdot \frac{\mathrm{d}^2\tilde{\Psi}}{\mathrm{d}Z^2} + \tilde{k}^4\tilde{\Psi}\right) = \frac{i}{\tilde{k}}\, S\, \frac{\mathrm{d}^2\tilde{\Psi}}{\mathrm{d}Z^2}. \tag{9.16}$$

Das ist die *magnetohydrodynamische* ORR-SOMMERFELD-*Gleichung*, die für $S = 0$ in die *hydrodynamische* ORR-SOMMERFELD-*Gleichung* [103] übergeht. (Eine ähnliche, etwas einfacher gebaute Gleichung $\frac{\mathrm{d}^4\Psi}{\mathrm{d}Z^4} - Re\,\frac{\mathrm{d}^3\Psi}{\mathrm{d}Z^3} = 0$ wurde von OSEEN abgeleitet [103].)

In (9.16) ist U durch (3.24) gegeben. Das *Instabilitätsproblem* der HARTMANN-*Strömung* besteht nun in der Lösung von (9.16) mit der Randbedingung (3.23), d. h.

$$\Psi_0(z = \pm a) = 0, \qquad \left.\frac{\mathrm{d}\Psi}{\mathrm{d}z}\right|_{z=\pm a} = 0. \tag{9.17}$$

Der komplexe *Eigenwert* $\tilde{c}$ hängt von den 3 in (9.16) enthaltenen Parametern Re, $\tilde{k}$ und Ha ab. Die Eigenwertgleichung stellt damit einen Zusammenhang zwischen ω und k her, ist also eine *Dispersionsrelation*. Zu jedem Wertepaar $\tilde{k}$, Re gibt es bei konstantem Ha einen komplexen Wert $\tilde{c} = \tilde{c}_r + i\tilde{c}_i$. Der geometrische Ort aller Punkte in der $\tilde{k}$, Re-Ebene, für die $\tilde{c}_i = 0$, ist die *Kurve der neutralen Stabilität*, vgl. Abb. 16.

Wie man aus der Abb. 15 ersieht, wird mit wachsender HARTMANN-*Zahl*, also nach (9.15) mit wachsendem Magnetfeld, die REYNOLDS-*Zahl*, bei der Instabilitäten auftreten, größer: *das Magnetfeld übt auf die Entstehung der Instabilitäten eine dämpfende Wirkung aus* („*magnetische Viskosität*"). Auch die aus der gewöhnlichen Hydrodynamik bekannte Tatsache, daß große Viskosität η (*kleine* REYNOLDS-*Zahl*) dämpfend wirkt, bleibt erhalten.

Hätten wir ein zweidimensionales Problem gerechnet und statt (9.10) den Ansatz $e^{i(\alpha x + \beta y + \omega t)}$ gemacht, so hätten wir — genau so wie in der Hydromechanik — die Aussage bekommen, daß

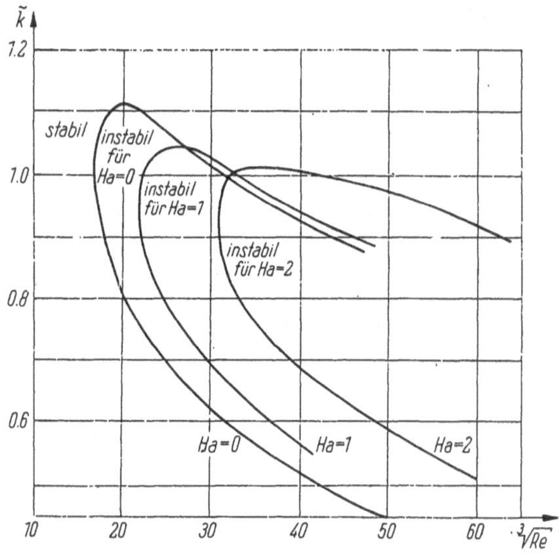

Abb. 16. Kurve der neutralen Stabilität

dann, wenn α_1, β_1, die zu Re_1 gehören, instabil sind, auch $\alpha_2, \beta_2 = 0$ bei einer kleineren Reynolds-Zahl $Re_2 < Re_1$ instabil ist (Squire-*Theorem*).

Mit ähnlichen Methoden wurde auch die Instabilität der Couette-*Strömung* (ebenes Problem oder zwischen zwei rotierenden Zylindern) sowie die Erzeugung von Instabilitäten durch variable Viskosität in der Poiseuille-*Strömung* untersucht.

9.3. Thermische Instabilität

In diesem Abschnitt wollen wir den Einfluß des Magnetfeldes auf die *thermische Konvektion* und auf *thermische Instabilitäten* eines Plasmas untersuchen. Es sind für diesen Zweck mehrere Modelle untersucht worden, so das MGD-Rayleigh-*Problem*, die MHD *thermischer Konvektion in Strömungskanälen* und das Bénard-*Problem* [104].

Unter einer RAYLEIGH-*Strömung* [29] versteht man in der Gasdynamik die eindimensionale stationäre Strömung eines nicht viskosen kompressiblen Mediums, dem Wärme durch die Wand des Strömungskanals zugeführt wird.

Etwas leichter als die Probleme, bei denen das Plasma *strömt*, ist das BÉNARD-*Problem* zu behandeln, da bei

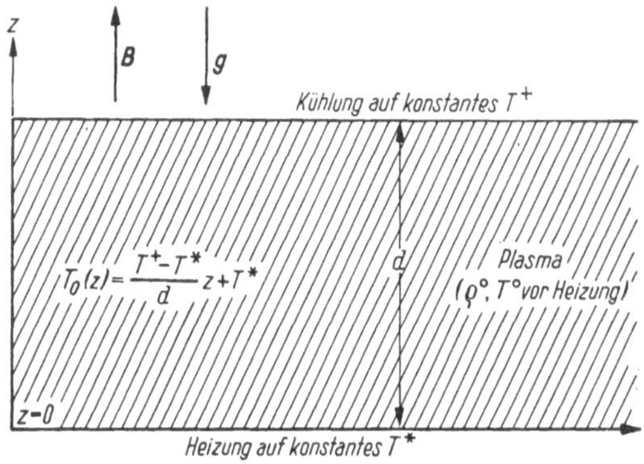

Abb. 17. Das BÉNARD-Problem

diesem angenommen wird, daß das Medium vor dem Einsetzen der thermischen Konvektion *ruht*.

Wenn eine im Schwerefeld horizontal ruhende Plasmaschicht von unten auf die örtliche Temperatur T^* erwärmt wird (Abb. 17), dann sinkt die Plasmadichte infolge der Wärmeausdehnung an der Schichtunterseite, während die Dichte in den oberen Schichten infolge der langsamen Wärmeleitung größer bleibt. Die Schichtung eines schweren Mediums über einem leichten Medium ist *instabil* (RAYLEIGH-TAYLOR-*Instabilität*, die sich sofort aus der *Kontaktdiskontinuität*, s. S. 85 entwickelt). Die einsetzende, der stabileren Lage (schweres Medium unten, leichteres oben) zustrebende *thermische Konvektion* wird durch die *innere Reibung* und durch das *Magnet-*

feld gedämpft. Bei derartigen Rechnungen bewährte sich die BOUSSINESQ-*Näherung*: die *Dichte* ϱ wird als *konstant* angenommen, ausgenommen im *Schwerkraftterm* und in der *Ausdehnungsgleichung*

$$\varrho = \varrho^0[1 - \alpha(T - T^0)], \tag{9.18}$$

wobei ϱ^0 die Dichte und T^0 die Temperatur des ungestörten (und nicht erwärmten) Plasmas und α sein Volumenausdehnungskoeffizient $\alpha = \left(\dfrac{\partial \frac{1}{\varrho}}{\partial T}\right)_p \cdot \varrho = \dfrac{R}{p} \cdot \varrho = \dfrac{1}{T}$ ist.

Diese Näherung ist kein Widerspruch in sich, da die Inkompressibilität eines Mediums *nicht* durch $\varrho = \text{const}$, sondern durch $a \to \infty$ definiert ist. Dies hat nach $\dfrac{1}{a^2} = \left(\dfrac{\partial \varrho}{\partial p}\right)_S$ zur Folge, daß alle durch Druckänderungen verursachten Zustandsänderungen verschwinden:

$$0 = \left(\frac{\partial \varrho}{\partial p}\right)_T = \left(\frac{\partial \varrho}{\partial p}\right)_S = \left(\frac{\partial S}{\partial p}\right)_T = \left(\frac{\partial U}{\partial p}\right)_T \text{etc.} \tag{9.19}$$

Aus (2.13) und (1.20) folgt für $M = 1$

$$\frac{\mathrm{d}S}{\mathrm{d}t} = \frac{c_p}{T}\frac{\mathrm{d}T}{\mathrm{d}t} - \frac{\alpha}{\varrho}\frac{\mathrm{d}p}{\mathrm{d}t}, \tag{9.20}$$

aus (7.13) folgt ($M = 1$)

$$\frac{\mathrm{d}\varrho}{\mathrm{d}t} = \frac{1}{a^2}\frac{\mathrm{d}p}{\mathrm{d}t} - \frac{1}{a^2}\frac{p}{c_v}\frac{\mathrm{d}S}{\mathrm{d}t} = \frac{1}{a^2}\frac{\mathrm{d}p}{\mathrm{d}t} - \frac{\alpha\varrho T}{c_p}\frac{\mathrm{d}S}{\mathrm{d}t}, \tag{9.21}$$

und daraus für $a \to \infty$

$$T\frac{\mathrm{d}S}{\mathrm{d}t} = -\frac{c_p}{\alpha\varrho}\frac{d\varrho}{\mathrm{d}t} = c_p\frac{\mathrm{d}T}{\mathrm{d}t}. \tag{9.22}$$

Daraus ersieht man, daß sich auch *in einem inkompressiblen Medium* $\left(a \to \infty,\ \frac{\partial}{\partial p} = 0\right)$ *durch Ausdehnung infolge von Wärmezufuhr die Dichte ändern kann.*

Die Grundgleichungen des BÉNARD-*Problems* lauten (9.18) und

$$\operatorname{div} \boldsymbol{v} = 0, \tag{9.23}$$

$$\varrho \frac{\partial \boldsymbol{v}}{\partial t} + \varrho (\boldsymbol{v} \nabla) \boldsymbol{v} - \eta \Delta \boldsymbol{v} = - \nabla \left(p + \frac{B^2}{2\mu}\right) + \frac{1}{\mu_0} (\boldsymbol{B} \nabla) \boldsymbol{B} + \varrho \boldsymbol{g}, \tag{9.24}$$

$$\frac{\partial \boldsymbol{B}}{\partial t} + (\boldsymbol{v} \nabla) \boldsymbol{B} - (\boldsymbol{B} \nabla) \boldsymbol{v} = \frac{1}{\mu_0 \sigma} \Delta \boldsymbol{B} \tag{9.25}$$

(eine mit (9.19) aus (1.16) folgende Form der Induktionsgleichung),

$$\frac{\partial T}{\partial t} + (\boldsymbol{v} \nabla) T = \lambda \Delta T + \boldsymbol{j} \boldsymbol{E} + \Phi, \tag{9.26}$$

was für ein inkompressibles Medium aus (2.3) folgt ($\boldsymbol{g}$ ist die konstante *Schwerebeschleunigung*). Die *Temperaturleitfähigkeit* λ ist nach Band I, (6.37), durch

$$\lambda = \frac{\varkappa}{\varrho c_v} \tag{9.27}$$

gegeben.

Wir linearisieren nun mit Hilfe von (5.26) und erhalten für die Störungen wegen $\boldsymbol{v}_0 = 0$

$$\varrho_1 = -\varrho_0 \alpha T_1, \quad \varrho_0 = \varrho^0 \frac{|1 - \alpha (T_0 - T^0) - \alpha T_1|}{1 - \alpha T_1} \approx \varrho^0, \tag{9.28}$$

$$\operatorname{div} \boldsymbol{v}_1 = 0, \tag{9.29}$$

$$\varrho_0 \left(\frac{\partial}{\partial t} - \frac{\eta}{\varrho_0} \Delta \right) \boldsymbol{v}_1 = - \nabla \left(p_1 + \frac{\boldsymbol{B}_0 \boldsymbol{B}_1}{2 \mu_0} \right)$$

$$+ \frac{(\boldsymbol{B}_0 \nabla) \boldsymbol{B}_1}{\mu_0} - \varrho_0 \alpha T_1 \boldsymbol{g}, \tag{9.30}$$

$$\left(\frac{\partial}{\partial t} - \frac{1}{\mu_0 \sigma} \Delta \right) \boldsymbol{B}_1 = (\boldsymbol{B}_0 \nabla) \boldsymbol{v}_1, \tag{9.31}$$

$$\left(\frac{\partial}{\partial t} - \lambda \Delta \right) T_1 = v_{1z} \frac{T^+ - T^*}{d} = v_{1z} \frac{\mathrm{d} T_0}{\mathrm{d} z}$$

$$\left(\frac{\partial T}{\partial x} = \frac{\partial T}{\partial y} = 0 \right). \tag{9.32}$$

Übt man zwecks Elimination von p auf (9.30) die Operation $\operatorname{rot} \operatorname{rot} = \operatorname{grad} \operatorname{div} - \Delta$ aus und beachtet (9.29), $\operatorname{div} \boldsymbol{B} = 0$, $\operatorname{rot} \nabla() = 0$, ϱ_0, $\boldsymbol{B}_0$, η, $\alpha = \text{const}$, dann erhält man wegen $\operatorname{rot} \boldsymbol{g} = \operatorname{div} \boldsymbol{g} = (\nabla T_1 \cdot \nabla) \boldsymbol{g} = 0$

$$\left(\frac{\partial}{\partial t} - \frac{\eta}{\varrho_0} \Delta \right) \Delta \boldsymbol{v}_1 = \frac{(\boldsymbol{B}_0 \nabla)}{\mu_0 \varrho_0} \Delta \boldsymbol{B}_1 - \alpha \boldsymbol{g} \, \Delta T_1 + \alpha (\boldsymbol{g} \nabla) \nabla T_1 . \tag{9.33}$$

Es stehen uns nun für die 7 Variablen $\boldsymbol{v}_1$, T_1, $\boldsymbol{B}_1$ die 7 Gleichungen (9.33), (9.31) und (9.32) zur Verfügung. In diesen Gleichungen sind η, μ, ϱ_0, α, $\boldsymbol{g}$, $\boldsymbol{B}_0$, λ bekannte Konstante, und T_0 ist eine gegebene Funktion, vgl. Abb. 17. Hat man T_1, dann kann man ϱ_1 aus (9.28) berechnen. Wir eliminieren nun $\boldsymbol{B}_1$ (die Differentialgleichung für $\boldsymbol{B}_1$ liefert einfach Alfvén-*Wellen*), indem wir $\left(\frac{\partial}{\partial t} - \frac{1}{\mu_0 \sigma} \Delta \right)$ auf (9.33) ausüben. Damit erscheint in (9.33) der Term $\left(\frac{\partial}{\partial t} - \frac{1}{\mu_0 \sigma} \Delta \right) \boldsymbol{B}_1$, für den aus (9.31) eingesetzt werden kann:

$$\left(\frac{\partial}{\partial t} - \frac{\eta}{\varrho_0}\Delta\right)\left(\frac{\partial}{\partial t} - \frac{1}{\mu_0\sigma}\Delta\right)\Delta \boldsymbol{v}_1 = \frac{(\boldsymbol{B}_0\nabla)^2}{\mu_0\varrho_0}\Delta \boldsymbol{v}_1 - \alpha \boldsymbol{g}$$
$$\cdot\left(\frac{\partial}{\partial t} - \frac{1}{\mu_0\sigma}\Delta\right)\Delta T_1 + \alpha(\boldsymbol{g}\nabla)\left(\frac{\partial}{\partial t} - \frac{1}{\mu_0\sigma}\Delta\right)\nabla T_1 . \tag{9.34}$$

Mit Hilfe von (9.32) kann man nun entweder für T_1 oder für $\boldsymbol{v}_1$ eine lineare partielle Differentialgleichung 8. Ordnung ableiten und mit ihren Randbedingungen lösen. Für $\boldsymbol{v}_1$ gelten (1.31) und (1.32), für T gilt nach Abb. 16

$$T_0(x, y, z = 0) = T^*, \qquad T_0(x, y, z = d) = T^+,$$
$$T_1(x, y, z = 0) = 0, \qquad T_1(x, y, z = d) = 0 . \tag{9.35}$$

Wir setzen $\boldsymbol{v}_{1z}$ aus (9.32) in (9.34) ein und schreiben $\dfrac{T^+ - T^*}{d} = \beta$:

$$\left(\frac{\partial}{\partial t} - \frac{\eta}{\varrho_0}\Delta\right)\left(\frac{\partial}{\partial t} - \frac{1}{\mu_0\sigma}\Delta\right)\left(\frac{\partial}{\partial t} - \lambda\Delta\right)\Delta T_1 - \frac{(\boldsymbol{B}_0\nabla)^2}{\mu_0\varrho_0}$$
$$\cdot\left(\frac{\partial}{\partial t} - \lambda\Delta\right)\Delta T_1 - \alpha\beta g\left(\frac{\partial}{\partial t} - \frac{1}{\mu_0\sigma}\Delta\right)$$
$$\cdot\left(\Delta T_1 - \frac{\partial^2 T_1}{\partial z^2}\right) = 0 . \tag{9.36}$$

Da diese Gleichung konstante Koeffizienten hat, können wir einen e-Potenzansatz machen, den wir mit Hinblick auf (9.35)

$$T_1(x, y, z, t) = A\, e^{\omega t}\, e^{i\boldsymbol{k}\boldsymbol{x}} \sin\frac{\pi z}{d}, \quad \boldsymbol{x} = (x, y) \tag{9.37}$$

ansetzen. Wir wählen ω statt $i\omega$, da dann die weitere Rechnung bequemer wird. $\omega = 0$ oder $\dfrac{\partial}{\partial t} = 0$ liefert uns sofort die Kurve der *neutralen Stabilität*. Für diese gilt nach (9.36)

$$-\frac{\eta\lambda}{\varrho_0\mu_0\sigma}\Delta^4 T_1 + \frac{(\boldsymbol{B}_0\nabla)^2}{\mu_0\varrho_0}\lambda\Delta^2 T_1 + \frac{\alpha\beta g}{\mu_0\sigma} \cdot\left(\Delta T_1 - \frac{\partial^2 T_1}{\partial z^2}\right) = 0. \tag{9.38}$$

Setzen wir nun (9.37) mit $\omega = 0$ ein, so erhalten wir

$$R = \frac{1}{d^2k^2}(d^2k^2+\pi^2)\left[(d^2k^2+\pi^2)^2 + Ha^2\cos^2\vartheta\right]. \tag{9.39}$$

Hier ist Ha die HARTMANN-*Zahl* nach (3.20), und

$$R = \frac{g d^4 \alpha\varrho_0\beta}{\lambda\eta} \tag{9.40}$$

ist die RAYLEIGH-*Zahl*. Man sieht, daß ein horizontales Magnetfeld keinen Einfluß hat und auf die Ergebnisse der gewöhnlichen Strömungslehre zurückführt. Trägt man $R(k)$ auf, so erhält man Abb. 18.

Für den *kritischen Temperaturgradienten* β_c erhält man aus (9.39) und (9.40) für $\cos\vartheta = 1$ mit (3.20)

$$\beta_c = \frac{\lambda}{\alpha g k^2 d^6}(d^2k^2+\pi^2)\left[(d^2k^2+\pi^2)^2\frac{\eta}{\varrho_0} + \frac{\sigma}{\varrho_0}B^2 d^2\right]. \tag{9.41}$$

Die elektrische Leitfähigkeit σ wirkt demnach so wie die Viskosität: *das Magnetfeld* erhöht (ebenso wie die Viskosität) den kritischen Temperaturgradienten, es *wirkt* also *dämpfend* auf *thermische Instabilitäten.*

Wir betrachten nun den Fall $\omega \neq 0$ (Instabilität). Aus (9.36) und (9.37) kann man die Bedingung

$$\lambda > \frac{1}{\mu_0\sigma} \tag{9.42}$$

für das Auftreten von anwachsenden Oszillationen ableiten [104]; die Bedingung wird bei großen Magnetfeldern und geringen Dichten (reduziertes λ) nicht erfüllt. Bei hohen Dichten und Temperaturen, z. B. im Inneren von Sternen, könnten jedoch anwachsende oszillierende Konvektionsbewegungen auftreten.

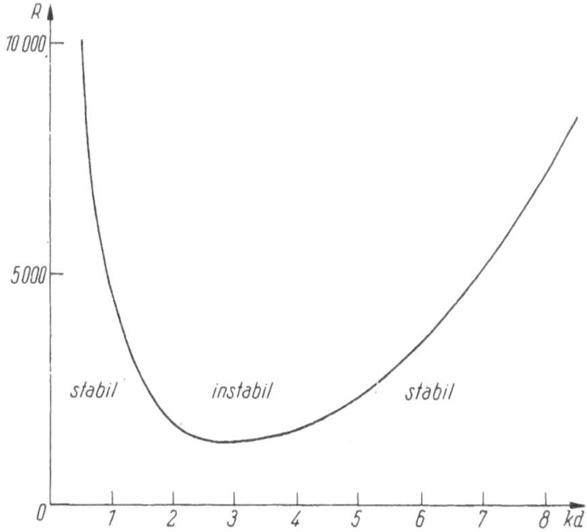

Abb. 18. Stabilitätskurve des BÉNARD-Problems für $\cos\vartheta = 1$

In letzter Zeit wurde das BÉNARD-*Problem* von HERRNEGGER auch mittels eines *Variationsverfahrens* untersucht [104]. Von CHANDRASEKHAR wurden auch das Problem der *thermischen Instabilität rotierender Plasmen* sowie andere Probleme untersucht [104]. Er fand hierbei auch eine MHD-Erweiterung des *Theorems von* TAYLOR-PROUDMAN: *Alle stationären Strömungen eines Plasmas im Magnetfeld sind nach der linearisierten Theorie unbedingt zweidimensional.* Ein weiteres Ergebnis ist, daß auch *die Rotation das Einsetzen von Instabilitäten dämpft.*

§ 10. Turbulenz

10.1. Die Entstehung der Turbulenz

Die regelmäßige, stationäre oder instationäre Strömung, bei der sich das Medium in sich nicht mischenden Schichten verschiedener Geschwindigkeiten bewegt, nennt man *laminar*, vgl. die HARTMANN-*Strömung*. Wenn in einer solchen Strömung eine Instabilität auftritt, also der Grundströmung eine mit der Zeit anwachsende Störung überlagert wird, dann muß die entstehende neue Gesamtströmung wieder auf Stabilität untersucht werden. Bei REYNOLDS-*Zahlen*, die viel größer sind als der kritische Wert, treten in der Gesamtströmung weitere Instabilitäten auf: Bei Vergrößerung der REYNOLDS-*Zahl* tritt so nacheinander ein ganzes *Frequenzspektrum von Instabilitäten* auf. Da diese Strömungsvorgänge große Amplituden besitzen, dürfen die linearisierten Gleichungen nicht mehr verwendet werden. Die *nichtlinearen Glieder*, insbesondere der *Konvektionsterm* $(\boldsymbol{v}\nabla)\,\boldsymbol{v}$ in der Strömungsgleichung bewirken nun eine Kopplung der einzelnen Instabilitäten. Nach dem *Superpositionsprinzip* ist ja die Summe zweier Lösungen u_1 und u_2 einer Differentialgleichung *nur* dann wieder ein Lösung, wenn die Differentialgleichung *linear* ist. Wenn die Differentialgleichung nichtlinear ist, dann ist $u_1 + u_2$ keine Lösung, sondern

$$u = u_2 + u_1 + g\,\mathfrak{f}(u_1, u_2)\,; \tag{10.1}$$

g heißt der *Kopplungskoeffizient*, und $\mathfrak{f}(u_1, u_2)$ enthält Lösungen mit neuen Frequenzen, z. B. den HELMHOLTZ*schen Kombinationsfrequenzen* $\omega_1 \pm \omega_2$ oder den *Oberschwingungen*, z. B. $3\,\omega_1$, $5\,\omega_1$ etc. [105].

Die Strömung wird dann sehr kompliziert und unregelmäßig. Die allgemeine Gestalt der Lösungsfunktionen,

z. B. der Geschwindigkeit, ist dann

$$\boldsymbol{v}(x, y, z, t) = \boldsymbol{v}_0 + \sum_n \boldsymbol{v}_n(x, y, z)\, \mathrm{e}^{-i \sum_{e=1}^{n} \mathfrak{p}_e(\omega_e t + \beta_e)}; \qquad (10.2)$$

$\boldsymbol{v}_0$ ist die ursprünglich laminare Grundströmung. Die Wahl der Grundfrequenzen ω_e ist nicht eindeutig — es treten Linearkombinationen auf. Die Strömung (10.2) hat n Freiheitsgrade und n willkürliche Anfangsphasen β_e. Im Grenzfall $Re \to \infty$ wird auch n beliebig groß.

Bei genügend großen Werten von Re spricht man von *ausgebildeter Turbulenz*; infolge der zahlreichen Frequenzen ist die Änderung der Geschwindigkeit sehr unregelmäßig und zeitlich ungeordnet; die Geschwindigkeit schwankt jedoch dauernd um einen gewissen Mittelwert. Diese Schwankungen sind jedoch durchaus nicht klein. Die der gemittelten Strömung überlagerte Bewegung kann man formal durch die Bewegung von *Turbulenzelementen* (*Turbulenzballen*) verschiedener Abmessungen beschreiben [106]. Zu den größeren (bei Beginn der Turbulenz zuerst auftretenden) Elementen, die die größere kinetische Energie besitzen und deren Bewegungen vorwiegend durch das Trägheitsglied beschrieben werden, gehören die kleinen Frequenzen. Die lokale Bewegung der kleineren Elemente wird wesentlich durch die Reibung bestimmt; zu ihnen gehören die großen Frequenzen. In kleinsten Dimensionen wird dann kinetische Energie durch die Reibung in Wärme verwandelt.

Aus derartigen, durch Dimensionsbetrachtungen ergänzten Überlegungen leiteten Kolmogorov, Obuchov und Heisenberg ein *Turbulenzspektrum* für *lokale Turbulenz* ab, d. h. für das Geschehen in Gebieten, deren Abmessungen l_1 ($\approx 10^4$ freie Stoßweglängen der Moleküle) klein sind gegenüber der charakteristischen nach (1.9) in die Reynolds-*Zahl* eingehenden Länge l:

$$E(l_1) = \text{const}\ \varepsilon^{2/3} l_1^{5/3} \qquad (10.3)$$

ε ist die *Energiedissipation* pro Masseneinheit des Mediums und pro Zeiteinheit und ist etwa

$$\varepsilon \approx \frac{\eta \overline{v_l}}{\varrho l_1^2}, \tag{10.4}$$

wobei $\overline{v_l}$ die Geschwindigkeitsschwankung im Bereich der Größe l_1 ist. $E(l_1)$ ist das *Turbulenzspektrum*, d. h., wenn $\overline{v^2}$ die mittlere quadratische Geschwindigkeitsschwankung ist, dann gilt $\left(l_1 \approx \lambda = \frac{2\pi}{k} = \frac{2\pi}{\omega} c = \nu c,\right.$ ν ist die zugeordnete Frequenz$\left.\right)$

$$\frac{1}{2} \overline{\boldsymbol{v}^2} = \int E(\boldsymbol{l}_1)\, \mathrm{d}\boldsymbol{l}_1. \tag{10.5}$$

Alle diese Überlegungen wurden jedoch für inkompressible nicht leitende Medien angestellt und sind daher für ein Plasma nur beschränkt gültig [107].

10.2. Magnetohydrodynamische Plasmaturbulenz

Die Turbulenz eines Plasmas unterscheidet sich von der hydrodynamischen Turbulenz zunächst durch die Wirkungen des Magnetfeldes. Einerseits können $\left(\text{insbes. für } \frac{1}{\mu_0 \sigma} < \frac{\eta}{\varrho}\right)$ durch turbulente Strömungen eines Plasmas hoher Leitfähigkeit Magnetfelder erzeugt werden, vgl. § 2.6, wobei die Energie zwischen lokaler Plasmabewegung und Feld gleich verteilt ist, vgl. § 3.6, und andererseits kann ein bereits vorhandenes Magnetfeld die Turbulenz dämpfen, insbesondere wenn $\mu B^2 \gg \varrho \overline{v^2}$ [107].

Ein viel weiter gehender Unterschied rührt jedoch daher, daß neben der durch den Term $(\boldsymbol{v}\nabla)\,\boldsymbol{v}$ hervorgerufenen hydrodynamischen Wechselwirkung zwischen den Plasmateilchen untereinander und mit dem elektromagnetischen Feld sowie zwischen einzelnen elektromagnetischen Wellen Wechselwirkungen bestehen, die die Ursache der *elektromagnetischen Plasmaturbulenz* sind (§ 10.3). Diese tritt natürlich auch in *stoßfreien Plasmen* (vgl. Band I, § 2.2) auf.

So wie in der hydrodynamischen Turbulenztheorie [106] arbeitet man auch in der *magnetohydrodynamischen Turbulenztheorie* eines Stößen unterworfenen dichten Plasmas mit FOURIER-*Transformationen* und Korrelationen, vgl. EDWARDS [107] und HINZE [106]. Da wir aus Platzmangel auf diese schon recht komplizierten Theorien hier nicht eingehen können, begnügen wir uns mit der Definition einiger Grundbegriffe.

Man geht z. B. von der STOKES-NAVIER-*Gleichung* und der *Induktionsgleichung* aus, die einer FOURIER-*Transformation* unterworfen werden. Definiert man dann eine *räumliche Geschwindigkeitskorrelation* (i, j bedeuten die Komponenten des Geschwindigkeitsvektors $\boldsymbol{v}$)

$$\overline{v_i(x_A, y_A, z_A, t)\, v_j(x_B, y_B, z_B, t)} = \int_0^\tau v_i v_j \, \mathrm{d}t = q_{ij}, \qquad (10.6)$$

wobei τ eine für das lokale Geschehen charakteristische Zeit ist ($\tau \approx 10^5 \cdot$ Stoßzeit der Moleküle), so erhält man für q_{ij} (für $\boldsymbol{v}$ und $\boldsymbol{B}$) Gleichungen, die formal als BOLTZMANN*sche Stoßgleichungen* (vgl. Band I, (5.23), S. 105) angesehen und gelöst werden können (EDWARDS, [107]).

Die Ergebnisse derartiger Rechnungen können etwa wie folgt zusammengefaßt werden:

1. Für ein unendlich großes äußeres Magnetfeld $\boldsymbol{B}_0$ erhält man eine nur zweidimensionale, mit den ALFVÉN-*Wellen* zusammenhängende Turbulenz. Dies steht in Übereinstimmung mit dem Theorem von TAYLOR-PROUDMAN, vgl. § 9.3.

2. Damit ein KOLMOGOROV-*Spektrum* im Plasma auftritt, muß eine etwas unphysikalische, vielleicht aber in

der Natur erfüllbare Bedingung für die Wirbelstärke rot $\boldsymbol{v}$ gelten. (Die Situation ist bisher nicht völlig geklärt; die experimentellen Daten sprechen eher gegen (10.3).) So hat CHEN [107] gezeigt, daß für ein vollionisiertes Plasma eher $E(\omega) = C\omega^{-5}$ zu erwarten ist.

3. Turbulenz im Plasma erniedrigt die elektrische Leitfähigkeit (da die Elektronen Energie an die elektromagnetischen Schwingungen abgeben).

4. Von der mechanischen Turbulenz fließt Energie in die Magnetfeldturbulenz.

5. Die JOULE-*Wärme* verstärkt die mechanische Turbulenz.

6. Im lokalen Bereich erfolgt Energiedissipation durch die Viskosität und durch die *magnetische Viskosität* $\dfrac{1}{\mu_0 \sigma}$ (durch lokale *Wirbelströme*).

7. In der hydrodynamischen Turbulenz entstehen lokale Wirbel, die sich nicht fortpflanzen; in Experimenten über Plasmaturbulenz, insbesondere für stoßfreie Plasmen, ist das lokale Element eher eine Schwingung, die sich ausbreitet.

8. In einem turbulenten Plasma werden durch die FERMI-*Beschleunigung* (vgl. Band I, S. 64) durch elektromagnetische Schwingungen viele schnelle Ionen erzeugt, so daß das Plasma *aufgeheizt* wird. Auch turbulente MHD-Stöße tragen zu dieser Aufheizung (*Turbulenzheizung*) bei [108].

9. Turbulenz erzeugt [16] ein spontanes Magnetfeld von der Größenordnung $H^2 \sim 4\pi\sqrt{\varepsilon\varrho}$.

10.3. Elektromagnetische Plasmaturbulenz

Grundlage der Theorie der elektromagnetischen Plasmaturbulenz ist meist die VLASOV-*Gleichung* (vgl. Band I, S. 96), da in dieser die durch Teilchenzusammenstöße bedingten typischen MHD-Effekte vernachlässigt werden. Die zeitliche Entwicklung einer Instabilität bis zur Ausbildung der vollen elektromagnetischen Turbulenz kann, ausgehend von verschiedenen Methoden zur Lösung der VLASOV-*Gleichung* wie folgt eingeteilt werden:

1. *linearisierte Theorie* der Instabilitäten (vgl. Band II und hier vgl. (9.10)): zeitlich exponentielles Anwachsen der Welle, z. B. *Zweistrominstabilität*, vgl. Band I, S. 138.

2. *quasilineare Theorie*: diese enthält die einfachste nichtlineare Korrektur, nämlich die Verkleinerung der *Anwachsrate* mit wachsender Wellenamplitude als Folge der Veränderung der Teilchenverteilungsfunktion durch die Instabilität. Es entsteht zeitweilig ein quasi-stationäres Wellenspektrum.

3. *Wechselwirkungstheorie* (*schwache Turbulenz*): durch die nichtlinearen Terme der VLASOV-*Gleichung* kommt es nun zu einer Wechselwirkung zwischen den Wellen des quasi-stationären Spektrums, so daß dieses verändert wird.

4. *nichtlineare* LANDAU-*Dämpfung* (*starke Turbulenz*): die Wechselwirkung führt schließlich zur Erzeugung *virtueller Wellen*, die ihre Energie wie $\sim \frac{1}{t}$ durch nichtlineare LANDAU-*Dämpfung* an die Teilchen abgeben: das Plasma wird aufgeheizt (*Turbulenzheizung*).

Da die Methoden zur Lösung der VLASOV-*Gleichung* im Band II ausführlich behandelt wurden, begnügen wir uns hier nur mit der Zusammenstellung einiger Resultate [109].

Wenn das Amplitudenquadrat $I \sim e^{2\gamma t}$ einer mit $e^{i\omega t}$ variablen Größe von der *Anwachsrate* $\gamma = -\omega_i$ unabhängig ist, dann ist $\gamma = \text{const}$, und es gilt $\frac{dI}{dt} = 2\gamma I$. Ist jedoch in der quasilinearen Theorie γ von der Amplitude I abhängig, z. B. $\gamma_q = \gamma + aI + bI^2 + \ldots$, dann erhält man $\frac{dI}{dt} = 2\gamma I + 2aI^2 + 2bI^3$ als Differentialgleichung für die zeitliche Veränderung der Amplitude. Wellen mit $a < 0$ nennt man *weiche Wellen*, $I = -\frac{\gamma}{a} + \ldots$, die langsam monoton anwachsen, und Wellen mit $a > 0$, die rasch („springend“) anwachsen, heißen *hart*.

Zur Berechnung der Wechselwirkung von Wellen („*Plasmonen*“) erwies es sich als zweckmäßig, den Formalismus der Quantentheorie heranzuziehen. Insbesondere die Verwendung von FEYNMAN-*Graphen* (Abb. 19) für

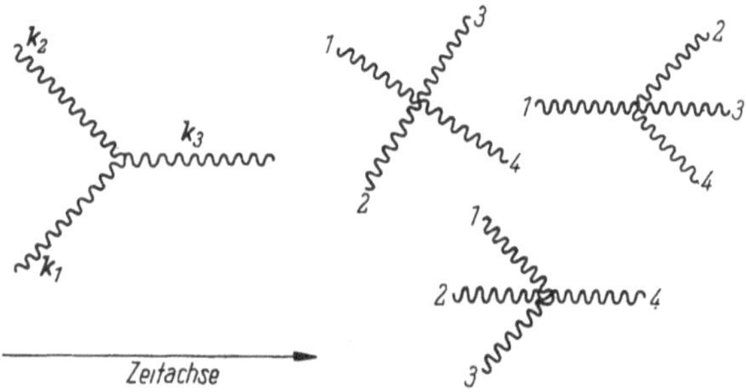

Abb. 19. Vier-Plasmonen-Wechselwirkung
FEYNMAN-Graph für die Streuung von zwei Plasmonen (Streuung der Welle mit der Energie E_{k_1} an der Welle E_{k_2}, wobei die Welle E_{k_3} entsteht)

die Wechselwirkung von zwei Wellen („*Streuung von zwei Plasmonen*“) ist gebräuchlich geworden. Für drei Plasmonen gibt es auf Grund der Erhaltungssätze für Energie und Impuls nur die beiden Prozesse

a) Zerfall eines Plasmons in zwei Plasmone,

$$k_1 = k_2 + k_3, \quad \omega_1 = \omega_2 + \omega_3, \tag{10.7}$$

b) Verschmelzung von zwei Plasmonen in ein Plasmon („Streuung“),

$$k_1 + k_2 = k_3, \quad \omega_1 + \omega_2 = \omega_3. \tag{10.8}$$

Weitere Einschränkungen für die Plasmonen-Wechselwirkung folgen aus ihrer Natur. So können z. B. hochfrequente longitudinale Plasmonen (LANGMUIR-*Wellen*, vgl. Band I, S. 12), die ja nur eine Frequenz, nämlich ω_{Pl} haben können, nicht in 2 Plasmonen zerfallen etc.

Bei vier Plasmonen treten auch *Selbstenergieterme* auf (Abb. 19). Die vier Plasmon-Wechselwirkung führt zur *nichtlinearen* LANDAU-*Dämpfung*, bei der von den Wellen Energie an Elektronen und Ionen übertragen wird, wobei die langsameren Teilchen bevorzugt werden, so daß es zu einer Aufheizung des Plasmas kommt.

Bei der ausgebildeten starken Turbulenz scheint es zu einer anomalen Diffusion zu kommen, die wir schon in Band II, § 17,5 behandelt haben.

§ 11. Technische Anwendungen

11.1. Magnetohydrodynamische Stromerzeugung

Die derzeit wichtigste Anwendung der Magnetohydrodynamik ist die MHD-Stromerzeugung, vgl. Band I, S. 35. Bei der Besprechung der Kanalströmungen im § 7.1 des vorliegenden Bandes sahen wir, daß es für einen MHD-Generator zweckmäßig ist, die Elektroden zu segmentieren vgl. Band I, Abb. 2, S. 37. Will man den *Effekt der Segmentierung* sowie den *Endeffekt* am letzten (ersten) Elektrodenpaar behandeln, dann kann man nicht mehr eindimensional rechnen. Da analytische Lösungen immer ein besseres Verständnis des physikalischen Geschehens als numerische Lösungen vermitteln, wird entkoppelt (vgl. § 7.2), da die sich so ergebenden Gleichungen analytische Lösungen zulassen [110]. Im stationären Zustand $\left(\frac{\partial}{\partial t} = 0\right)$ gilt $\operatorname{rot} \boldsymbol{E} = 0$ und daher

$$\boldsymbol{E} = -\nabla V, \quad E_x = -\frac{\partial V}{\partial x}, \quad E_y = -\frac{\partial V}{\partial y}, \tag{11.1}$$

wobei V das elektrostatische Potential ist, das bei verschwindender Ladungsdichte (vgl. Band I, S. 10), also $\operatorname{div} \boldsymbol{E} = 0$, vermutlich der LAPLACE-*Differentialgleichung*

$$\Delta V = 0 \tag{11.2}$$

genügt. Damit können wir hoffen, das zweidimensionale Randwertproblem mit z. B. den Methoden der *konformen Abbildung* zu lösen.

Die Vermutung, daß (11.2) gilt, ist allerdings nur für $\boldsymbol{v} = \text{const}$ richtig. Differenziert man nämlich j_x nach x und j_y nach y und addiert, so erhält man wegen $\operatorname{div} \boldsymbol{j} = 0$ aus (7.6), (11.1) für $v = v(y)$

$$\Delta V = -\frac{\partial v}{\partial y} B. \tag{11.3}$$

Hierbei wurden σ_{eff}, $\omega\tau$, B als konstant angenommen. Für ein vorgegebenes Geschwindigkeitsprofil hat (11.3) die Form der POISSON-*Differentialgleichung*, deren Lösung auch keine Schwierigkeiten bietet.

An einer Elektrode mit der Spannung $V_0 = \text{const}$ gilt dann (Abb. 20)

$$V\left(x, y = \frac{d}{2}\right) = V_0, \tag{11.4}$$

während am Isolator kein Strom fließt, so daß

$$j_y\left(x, y = \frac{d}{2}\right) = 0 \tag{11.5}$$

oder mit (7.6), (11.1)

$$vB = \omega\tau \frac{\partial V}{\partial x} + \frac{\partial V}{\partial y} \tag{11.6}$$

gilt $\big(\boldsymbol{v} = v_x = v(y)\big)$. Definiert man nun $\Phi = V + vBy$, so folgt daraus

$$\omega\tau \frac{\partial \Phi}{\partial x} + \frac{\partial \Phi}{\partial y} = 0 \quad \text{(Isolator)}. \tag{11.7}$$

Dies bedeutet, daß die Linien konstanten Potentials, die auf der Elektrodenoberfläche parallel zur Oberfläche sind, die Isolationsoberfläche unter dem Winkel $\arctan \omega\tau$ schneiden. Für Φ ergibt sich die LAPLACE-*Differentialgleichung*, wenn $v = v(y)$.

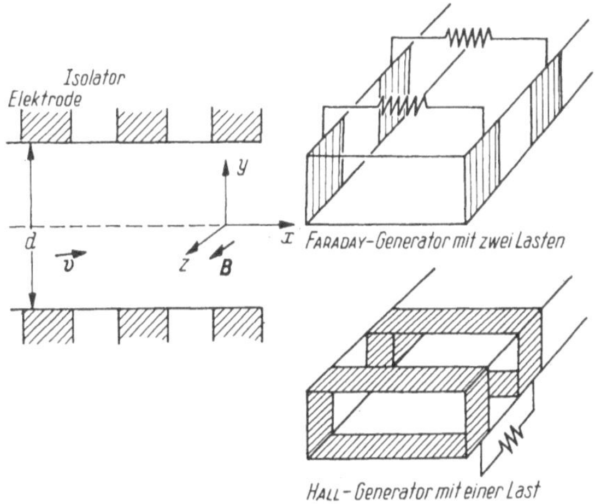

Abb. 20. Randbedingungen des segmentierten MHD-Kanals

Man kann nun für verschiedene vorgegebene Strömungsprofile $v(y)$ die Differentialgleichung (11.3) zusammen mit den Randbedingungen (11.4) und (11.6) analytisch oder numerisch lösen.

Einzelelektroden wurden von SCHULTZ-GRUNOW u. a. untersucht [110], mehrere Elektroden untersuchten CELINSKI, LENGYEL, BRESGEN, FRITZER [110].

Der Einfluß des *Ionenschlupfs* (vgl. Band I, § 8.2) wurde von BRESGEN u. a. behandelt [110]. Durch die segmentierten Elektroden wird natürlich die HARTMANN-*Strömung* abgeändert, vgl. SUTTON [110], doch ändert sich (3.28) nicht. Basierend auf diesen Arbeiten wurden auch *Wirkungsgradberechnungen* vorgenommen [110]. Um eine Abschätzung für den Wirkungsgrad zu bekommen, kann man auch, statt vom *lokalen elektrisch-mechanischen Wirkungsgrad* (3.28) auszugehen, einen mittleren *elektrisch-hydrodynamischen Wirkungsgrad*

$$\eta = \frac{\text{mittlere elektrische Leistung}}{\text{mittlere Leistung des Druckes}} = \frac{-\frac{1}{2a}\int\limits_{-a}^{+a} j_y E_y \,\mathrm{d}z}{\frac{1}{2a}\int\limits_{-a}^{+a} \frac{\partial p}{\partial x} v_x \,\mathrm{d}z} \tag{11.8}$$

definieren. Für die mittlere elektrische Leistung N erhält man nach (3.27) für kontinuierliche oder segmentierte Elektroden (ohne Hall-*Effekt*)

$$N = \sigma u_0^2 B^2 K(1 - K). \tag{11.9}$$

Bei Berücksichtigung des Hall-*Effektes* ist für kontinuierliche Elektroden σ durch $\frac{\sigma}{1 + \omega^2\tau^2}$ zu ersetzen, während für den Hall-*Generator* $\sigma \to \frac{\omega^2\tau^2\sigma}{1 + \omega^2\tau^2}$ gilt.

Mit (11.9) und (3.16) folgt aus (11.8)

$$\eta = \frac{K(1 - K)\, Ha^2}{Re\, \overline{P}_2}, \tag{11.10}$$

wobei (1.9) und (3.20) verwendet wurden. Für $K = \frac{1}{2}$ erreicht also der Wirkungsgrad ein Extremum.

Wichtiger für die technische Durchführung sind natürlich Experimente. Diese können im *geschlossenen Kreislauf* (das durch den Kanal geblasene *Arbeitsgas* wird wieder erhitzt) oder im *offenen System* geführt werden.

Beim *geschlossenen* System wird ein Arbeitsgas (meist He, Ar) in einem Wärmeaustauscher erhitzt. Der Wärmeaustauscher wird in konventioneller Weise durch chemische oder nukleare Energie (*Hochtemperaturreaktor*) erhitzt.

Beim *offenen* System wird das Arbeitsgas durch Verbrennung von z. B. Petroleum, Kohlenstaub, ja sogar Explosivstoffen gewonnen. Die den MHD-Kanal verlassenden Verbrennungsgase werden in die Atmosphäre abgeleitet oder regeneriert.

Bei beiden Systemen ist die durch thermische Ionisation entstehende elektrische Leitfähigkeit (vgl. Band I, (8.24)) für einen wirkungsvollen Betrieb zu gering; man fügt daher das leicht ionisierbare Kalium oder Cäsium als *Saatmaterial* für bessere Ionisierung des Arbeitsgases hinzu. Andere Ionisierungsverfahren, wie elektrischer Bogen, Radiowellen, Ultraviolett, Photoionisierung, radioaktive Substanzen, Elektronenstrahlen, verbrauchen entweder zu viel Energie oder sind aus anderen Gründen unzweckmäßig. In der Praxis scheint sich lediglich der KERREBROCK-*Effekt* (vgl. Band I, S. 182) zu bewähren.

HALL- und FARADAY-*Generator* haben charakteristische Betriebsweisen: Der HALL-*Generator* liefert *niedrigen* Strom bei *hoher* Spannung, sein Wirkungsgrad *wächst* mit der Leistung; bei ganz hohen Strömen wird jedoch der Wirkungsgrad schnell geringer. HALL-*Generatoren* tendieren dazu, den abgegebenen *Strom konstant* zu halten. FARADAY-*Generatoren* hingegen tendieren ebenso wie die üblichen Dynamos dazu, die *Spannung konstant* zu halten; ihr Wirkungsgrad sinkt mit steigender Leistung und fällt linear mit steigender Stromstärke.

In MHD-Generatoren treten eigenartige Instabilitäten auf, so die durch den HALL-*Effekt* bedingte *Ionisierungsinstabilität* oder *elektrothermische Welle*. Diese tritt auf, wenn eine Veränderung $\Delta\sigma$ der elektrischen Leitfähigkeit der Bedingung

$$\Delta\sigma > \frac{4\sigma}{\omega^2\tau^2 - 2} \qquad (11.11)$$

	AVCO-USA MARK II Kerosenverbrennung	ENGLAND IRD Helium	ARGAS H- und F-Betrieb Argon	LORHO H-Raketenbetrieb Toluolverbrennung	MARK V F-Raketenbetrieb C_2H_5OH
T	3000 °K	2400 °K	2000 °K	2200 °K	3000 °K
Geschwindigkeit oder MACH-Zahl	1200 m/sec	4000 m/sec	M = 0,9	M = 2,5	M = 1,2
Saatmaterial	KOH	Cs	Cs	?	K_2CO_3
Magnetfeld	32 kGauß	22 kGauß	einige kGauß	?	36 kGauß
erzeugte elektrische Leistung	600 kW	? ($\omega\tau \approx 20$)	1 MW therm.	10000 V, 20 MW	24 MW

genügt. σ liegt in der Praxis zwischen 0,1 bis 100 Siemens/m.

Neben den MHD-Generatoren mit Elektroden wurden auch *elektrodenlose* MHD-*Generatoren* (*Induktionsgeneratoren*) untersucht, in denen ein wanderndes periodisch alternierendes Magnetfeld Ströme im Gas induziert. Es ist dies die „Umkehrung" des *Wanderwellenbeschleunigers*, den wir im § 11.2 besprechen.

Einige gebaute MHD-Generatoren findet man in der folgenden Tabelle.

Bezüglich verschiedener technischer Ausführungsformen, wie *Wirbelgeneratoren* (Drehströmung des Plasmas), MHD-*Generator-Motor-Umformer*, durch *Explosivstoffe* im Impulsbetrieb arbeitende MHD-Generatoren, *elektromagnetohydrodynamische Generatoren*, *Flüssigmetall*-MHD-*Generatoren*, und technologischer Fragen (z. B. Magnete mit supraleitenden Spulen, Werkstoffprobleme, Wirkungsgradberechnungen[1]) etc.) müssen wir auf die Spezialliteratur verweisen [110].

Abschließend soll noch darauf hingewiesen werden, daß manche Autoren die Erzeugung von Spannungen in FARADAY-MHD-*Generatoren* durch die LORENTZ-*Kraft* erklären; da diese bei relativistisch sauberer Betrachtungsweise eine *Folge* der Induktion ist, liefert diese Art der Erklärung keine weitere physikalische Einsicht, vgl. HUGHES [110].

11.2. Plasmabeschleuniger

Während bei der MHD-Stromerzeugung Wärme in elektrische Energie umgewandelt wird, wird bei der Plasmabeschleunigung elektrische Energie in mechanische Energie umgewandelt, vgl. Abb. 21.

Es gibt mehrere Typen von Plasmabeschleunigern [111] — elektrothermische, magnetothermische, elektrostatische, elektromagnetische:

---

[1]) Die Wirkungsgrade bis heute gebauter Anlagen liegen bei 5%.

1. Lorentz- oder $[\boldsymbol{j} \times \boldsymbol{B}]$-*Beschleuniger* (auch $[\boldsymbol{E} \times \boldsymbol{B}]$-Beschleuniger genannt), bei dem die Beschleunigung durch die Lorentz-*Kraft* erfolgt; auch Faraday-*Beschleuniger* genannt, da er den gleichen Kanal wie ein Faraday-MHD-*Generator* besitzt;

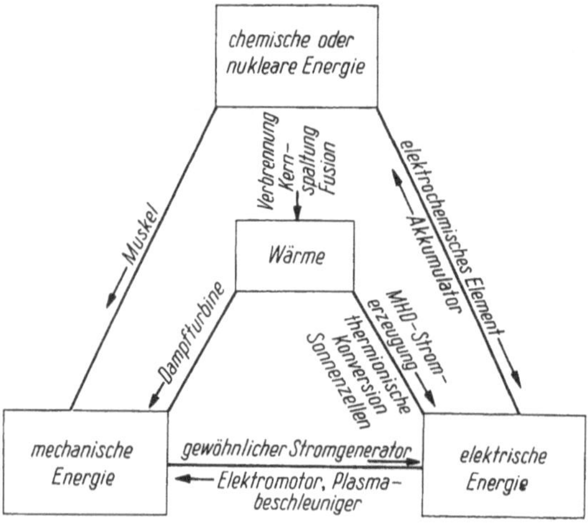

Abb. 21. Stromerzeugung und Plasmabeschleunigung im Rahmen der Energieumwandlungsmethoden

2. Hall-*Beschleuniger*, in denen die Beschleunigung durch den Hall-*Effekt*, also durch die Wechselwirkung zwischen Hall-*Strom* und Magnetfeld erfolgt;

3. *Wanderwellenbeschleuniger* oder *elektrodenloser Beschleuniger* sowie MHD-*Induktionspumpen*, bei denen die Beschleunigung durch ein induziertes elektrisches Feld, erzeugt durch ein wanderndes Magnetfeld, erfolgt;

4. *magnetothermische Beschleuniger*, bei denen Druckgradienten des thermisch oder durch einen Heizdraht oder einen Lichtbogen elektrisch aufgeheizten Plasmas

bei der Beschleunigung durch magnetische Wirkungen mithelfen (*magnetische Düse*, vgl. Abb. 22).

In diese Gruppe gehören auch die *elektrothermischen* Beschleuniger, bei denen elektrische Kräfte bei der Beschleunigung eines nicht mehr quasineutralen Mediums mithelfen. Da somit nicht mehr ein Plasma vorliegt, be-

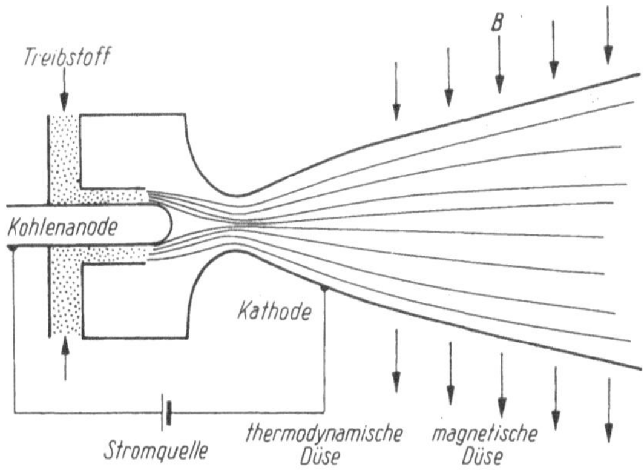

Abb. 22. Magnetothermischer Plasmabeschleuniger (Ohne Magnetfeld liegt ein rein elektrothermischer Beschleuniger vor. Sind Elektroden in der magnetischen Düse vorhanden, so liegt ein $\boldsymbol{j} \times \boldsymbol{B}$-Beschleuniger vor.)

sprechen wir diese Beschleuniger, so wie die rein *elektrischen* (*elektrostatischen*) *Beschleuniger* wie *Duoplasmatron* von VON ARDENNE, *Ionentriebwerke*, PENNING-*Entladungsbeschleuniger*, *Hohlkathodenbeschleuniger* oder *Kolloidalbeschleuniger*, hier nicht.

Neben den *kontinuierlich arbeitenden Beschleunigern* 1.—4. gibt es noch *Beschleuniger im Impulsbetrieb*. Während bei den kontinuierlich arbeitenden Beschleunigern Ströme und Magnetfeld unabhängig voneinander erzeugt werden, ist dies bei den Impulsgeräten meist nicht der Fall. Viele dieser Geräte, von denen es zahlreiche Ausführungsformen gibt, werden von einer *Kondensatorbank* mit Energie versorgt; auch *explosionsgetriebene* MHD-*Generatoren* kommen in Frage. Die wichtigsten Typen sind:

5. Wanderwellenbeschleuniger im Impulsbetrieb,

6. Beschleuniger mit stehenden Wellen im Impulsbetrieb.

Je nach der technischen Ausführung spricht man von *T-Röhren-Beschleunigern*, *Plasmaringbeschleunigern*, *Koaxialbeschleunigern* (z. B. *koaxiale Plasmakanone*), *Mehrstufengeräten* etc. Schließlich wurde noch der *Pinch-Effekt* zur Beschleunigung verwendet — sowohl im Impulsbetrieb mit Elektroden als auch als *elektrodenloser Thetapinch*[1]).

Einige Daten von gebauten Beschleunigern findet man in der folgenden Tabelle.

Die Theorie der Plasmabeschleuniger läßt je nach Plasmadichte, Stromdichte und Magnetfeld verschiedene Betriebsweisen zu. Nicht jede Energiezufuhr von außen führt zur Beschleunigung! Man unterscheidet beim $[\boldsymbol{j} \times \boldsymbol{B}]$-Beschleuniger

1. $[\boldsymbol{j} \times \boldsymbol{B}] > 0$, d. h. *Beschleunigung* bei $v_x = u > 0$; es ist $j_z < 0$, $E_z < -uB_0$, und zur Beschleunigung muß Energie von außen zugeführt werden (wird auch als MHD-*Pumpe* verwendet, z. B. für flüssige Metalle).

2. $[\boldsymbol{j} \times \boldsymbol{B}] < 0$, d. h. *Verzögerung*,

a) $j_z > 0$ (es wird Strom erzeugt), $0 > E_z > -uB_0$, *Generator*.

$E_z = 0$ entspricht dem Kurzschlußstrom,

$E_z = -uB_0$ ist die Klemmenspannung (bei offenem Stromkreis, d. h. $K = 1$, vgl. (3.15)),

b) $j_z > 0$, $E_z > 0$. Es muß Energie *zugeführt* werden, und das Plasma wird *gebremst*. Kein Generator, keine Energie wird nach außen abgegeben.

---

[1]) Wenn wir hier von Elektroden sprechen, meinen wir nur Elektroden, die in direktem Kontakt mit dem Plasma stehen.

Daten über Plasmabeschleuniger

Type des Beschleunigers	Dichte [g cm^{-3}] oder [Teilchen cm^{-3}]	Temperatur [10^3 °K]	Geschwindigkeit [km/sec]	Magnetfeld [kGauß]	Leitfähigkeit [Siemens m^{-1}]
FARADAY	(2 – 100) 10^{-6}	1 – 8	2 – 6	4 – 15	1 – 300 (mit Cs)
HALL	$3 \cdot 10^{14}$		5 – 30	1 – 2	10
Wanderwellen	10^{14}	300	5 – 30	3 – 10	100
Pinch	$5 \cdot 10^{-4}$		10	30	2

Die Wirkungsgrade liegen zwischen 10 – 50%.

Die Verhältnisse werden noch komplizierter, wenn man den Einfluß der MACH-*Zahl* berücksichtigt, vgl. HUGHES [111]. Bei Wanderwellenbeschleunigern (u. a.) existiert ein *Plasmaschlupf* $u_s - u$, d. h., das Plasma bleibt hinter dem mit der *Synchrongeschwindigkeit* $u_s = \frac{E}{B}$ laufenden Feld zurück. Der Wirkungsgrad ist dann nach (3.16), (3.28) durch K^{-1} gegeben. Obwohl heute Plasmabeschleuniger bereits verwendet werden (z. B. zur *Lagestabilisierung von Nachrichtensatelliten*), ist ihre Theorie noch keineswegs völlig klar. Man kennt lediglich die allgemeine Theorie und einige Grundtatsachen — Feinheiten sind noch weitgehend unsicher. Man weiß, daß es ein Gebiet geringer Plasmadichte bei hoher Temperatur (stoßfreies Plasma!) gibt, in dem FARADAY- und HALL-*Beschleuniger* eine gute Wirkung erzielen, und daß es ein Gebiet mittlerer Dichte ($\sim 10^{15}$) gibt, bei denen das durch Teilchenstöße physikalisch bestimmte Plasma am besten durch magnetothermische oder elektrothermische Beschleuniger beschleunigt wird. Die Wirkungsgrade sind durch Verluste in der Grenzschicht, durch Instabilitäten etc. noch zu gering. Bei Wanderwellenbeschleunigern spielt die elektrische Leitfähigkeit und das *Druckverhältnis* β, vgl. Band I, (5.1), S. 90, eine wesentliche Rolle, vgl. SCHULTZ-GRUNOW [111].

Bei großer Leitfähigkeit diffundiert das Magnetfeld kaum ins Plasma, und das Plasma wird nur dann beschleunigt, wenn $\beta < 1$. Das Feld wirkt als *magnetischer Kolben*. Dies gilt aber nur für etwa $n < 10^{13}$. Ist die Dichte zu groß, dann wird $\beta > 1$, und das Plasma wird nicht beschleunigt,sondern geheizt. Ist die Leitfähigkeit klein, so diffundiert das Feld ins Plasma, und bei $\beta > 1$ erfolgt eine Beschleunigung, die vor dem Wellenberg größer ist als die Verzögerung dahinter. Nach dem Vorbeigleiten einer Welle ist das Plasma rascher geworden, erreicht aber nie die Phasengeschwindigkeit der Wanderwelle; es tritt ein *Plasmaschlupf* auf ($u < u_s$).

Plasmabeschleuniger werden auch dazu verwendet, um

Windkanäle hoher MACH-*Zahl* ($M > 10$) zu konstruieren, vgl. KALIKHMAN, WICHMAN [111]. In den letzten Jahren wurden auch recht exotische Mittel, mittels Plasma einen Schub zu erzeugen, diskutiert, so *Weltraumsegler* (in dem aus Plasma bestehenden *Sonnenwind*) [112], mit *Uranhohlreaktoren*, in deren Höhlung heißes Deuteriumplasma erzeugt wird, um dann durch eine Düse ausgestoßen zu werden [113], oder MHD-*Detonationswellenbeschleuniger*, bei denen anstelle der Energiequelle der chemischen Detonation oder Deflagration eines Sprengstoffes — zwei verschiedene Arten der Explosion — die JOULE-*Wärme* des in einem Verdichtungsstoß komprimierten Plasmas tritt. Nach der *Schneepflugtheorie der* MHD-*Detonationswellen* gibt es auch hier zwei Lösungstypen: „MHD-*Detonation*" und „MHD-*Deflagration*" [114].

11.3. Verschiedene technische Anwendungen

Wie schon im Vorwort zum ersten Band ausgeführt,. wächst die Zahl der technischen Anwendungen der Plasmaphysik sehr rasch. Wir können daher nur einen gedrängten Überblick über die wichtigsten Anwendungen geben.

Plasmachemie: Im Plasmazustand reagiert die Materie anders oder leichter. Dieser Umstand wurde u. a. schon für die *Synthese* von Stickstoffdünger, von Cyangas (z. B. durch Verbrennung von Kohlenstaub in einem Stickstofflichtbogenplasma) etc. nutzbar gemacht. Die Kongreßberichte verschiedener Tagungen über Plasmachemie geben darüber nähere Auskunft.

Plasmatechnik: In Industrie und Technik werden heute die wesentlichen Eigenschaften des Plasmas, nämlich elektrische Leitfähigkeit und Beeinflußbarkeit durch elektromagnetische Felder, weitgehend verwendet, z. B. für das Mischen und Rühren von Metallen und anderen elektrisch leitenden Stoffen, für das *Schneiden* und

Schweißen elektrisch leitender Stoffe, die Verbesserung der Eigenschaften und die *Bearbeitung metallischer Werkstoffe* mit der *Plasmapistole* [115]; auch in der Elektrotechnik wird Plasma für Schalter, Transformatoren, *Laserlampen*, *Wellenleiter* sowie für *thermionische Energiewandler* und *Festkörperplasma* (in Halbleitern) wird zur *Schwingungserzeugung* verwendet [116].

Wiedereintrittsproblem: Ein spezielles Gebiet der *Flug*-MHD [62] stellt das Wiedereintrittsproblem von Weltraumschiffen in eine Planetenatmosphäre dar [117]. Es entstehen hierbei bei der

	Wärmeflüsse von [kW/m²]	während [sec]
Orbitalgeschwindigkeit (8 km/sec)	8000	350
Fluchtgeschwindigkeit (11 km/sec)	12000	250

Durch diese großen Wärmeflüsse kommt es zur Erhitzung der Wand des Weltraumschiffs und dadurch zur Ionisation der umgebenden Luft (so daß Radiowellen das Weltraumschiff in dieser Phase der Rückkehr nicht erreichen können: sogenannte „*black out*"). Abgesehen von der *Flug*-MHD (Auftrieb, Widerstand im Plasma) kann man auch an eine MHD-*Bremsung durch Magnetfelder* denken [117].

Teilchenbeschleuniger: Auch die Elementarteilchenphysik kann von der Plasmaphysik Nutzen ziehen: liefert ihr doch diese neue Teilchenbeschleuniger. So würde das geplante *Plasmabetatron* die *Davonlaufelektronen* (Band I, S. 182) zur Erzeugung von schnellen Elektronen verwenden, deren Strom 100 A erreichen könnte [118]. Eine andere, auf VEKSLER zurückgehende Beschleunigungsmethode ist der *kollektive Ionenbeschleuniger* (*Elektronenringbeschleuniger*, *Smokatron*). Wenn man einen relativisch schnellen Elektronenring, der sich selbst fokussiert, erzeugt und in ihn Ionen injiziert, so werden die Ionen vom elektrischen Feld der Elektronen gefangen und auf die

Geschwindigkeit des Elektronenrings mitbeschleunigt. Infolge ihrer größeren Masse ist jedoch ihre kinetische Energie höher. Man hofft, mit einer 1,5 km langen Maschine 10^{12} Protonen von 1000 GeV erzeugen zu können. Bisher (1970) gelang allerdings infolge von auftretenden Instabilitäten nur die Erzeugung von 50 MeV Stickstoffionen. Als *Schwerstionenbeschleuniger* hat das Smokatron jedoch gute Aussichten.

Die *thermonukleare Fusion* ist, abgesehen von kurzzeitiger Neutronenproduktion (z. B. im *Plasmafokus*, vgl. Band II, § 11.1) die einzige bisher noch nicht realisierte Anwendung der Plasmaphysik. Die zur Fusion führenden Kernreaktionen wurden in Band I, das Einschlußproblem des thermonuklearen Plasmas in Band II besprochen. Über Physik und Technik der *Fusionsreaktoren* gibt es bereits eine ausgedehnte Literatur und regelmäßig abgehaltene Kongresse [119]. Wir wollen daher mit Hinblick auf § 11.2 nur noch ein Problem betrachten: die Abstrahlung der Verlustwärme bei durch Fusionsreaktoren angetriebenen *Plasmabeschleunigern* (*Plasmaraketen*). Da bei den meisten thermonuklearen Reaktionen ein hoher Prozentsatz (z. B. 60% bei der D-T-Reaktion) der frei werdenden Energie ungeladenen Teilchen (Neutronen, γ) zugeteilt wird, wird eine Abschirmung benötigt, in der für den elektrischen Antrieb kaum nutzbare Verlustwärme entsteht (bis zu 80% und mehr). Von der Fusion ist daher für den elektrischen Raketenantrieb nicht viel zu hoffen [120]. Die *Plasmamüllverbrennungsanlagen* (CULHAM Conference 1969, [119]) sind schließlich derzeit mangels arbeitender Fusionsreaktoren noch nicht realisierbar.

Schließlich gibt es auch Spekulationen [121] über die Entstehung linearer Magnetfelder durch Plasmaströmungen.

Literaturverzeichnis

[1] G. Sutton, A. Sherman, Engineering Magnetohydrodynamics, McGraw Hill, New York, 1965; P. Roberts, An Introduction to Magnetohydrodynamics, Longmans, London, 1967; L. Napolitano, G. Contursi, Bibliography on Magneto-Fluid-Dynamics, Pergamon Press, London, 1962; A. Jeffrey, Magnetohydrodynamics, Oliver and Boyd, Edinburgh, 1966; T. Cowling, Magnetohydrodynamics, Interscience, New York, 1957.

[2] S. Pai, Magnetogasdynamics and Plasma Dynamics, Springer, Wien, 1962; S. Lundquist, Arkiv f. Fysik, **5**, 297–347 (1952).

[3] S. Pai, Radiation Gasdynamics, Springer, Wien, 1966; S. Pai, Modern Aspects of Radiation Magnetogasdynamics, ISAS-Report No. 408 (1967), Institute of Space and Aeronautical Science, University of Tokyo.

[4] F. Cap, R. Hommel, Ann d. Phys. (7), **11**, 132–137 (1963).

[5] F. Cap, E. Hofinger, Über einige Klassen von stationären zweidimensionalen Lösungen der MGD, Acta Physica Austr., **13**, 262 (1960); F. Cap, H. Friedel, Vortex Theorems and Potential Flow in MGD, Scientific Report 14, September 1964, Universität Innsbruck; S. A. Kaplan, Astr. Shurnal, **31**, Nr. 4 (1954), und Doklady **95**, 769 (1954); vgl. R. V. Deutsch, Teoria Magnetohidrodinamica in Fizica Plasmei, Acad. Bucarest, 1966.

[6] R. Hommel, Dissertation Innsbruck 1961.

[7] R. V. Deutsch, vgl. [5], S. 77.

[8] F. Cap, Acta Physica Austriaca, **19**, 333–338 (1965); R. V. Deutsch, vgl. [5], S. 79; H. Grad, A. Blank, Report TID-4500, NYO-6486, Institute of Mathematical Sciences, New York University, Juli 1958 oder Rev. Mod. Phys.

[9] Truesdell, Phys. Rev. **78**, 823 (1950).

[10] F. Cap, G. Kerer, Interaction Between Magnetic Field and Flow Field For Plasmas of Institute Conductivity, Scientific,

Report Nr. 17, October 1964, Institut für theoretische Physik, Universität Innsbruck.

[11] V. Ferraro, C. Plumpton, An Introduction to Magneto-Fluid Mechanics, Oxford University Press, 1961, S. 26.

[12] L. Arzimowitsch, Gesteuerte thermonukleare Reaktionen, Akademie Verlag, Berlin, 1965.

[13] T. Cowling, Monthly Notes R.A.S. **94**, 39 (1934); T. Cowling, vgl. [1], S. 77ff., E. Parker, Astrophys. J. **157**, 1119 (1969).

[14] W. Elsasser, Phys. Rev. **69**, 106 (1946); Rev. Mod. Phys. **28**, 135, 590 (1956); N. van Kampen, B. Felderhof, Theoretical Methods in Plasma Physics, North-Holland, Amsterdam, 1967, S. 49; E. Bullard, Proc. Roy. Soc. A 197, 433 (1949); Phil. Trans. Roy. Soc. **247**, 213 (1954).

[15] H. Alfvén, Tellus **2**, 74 (1950); Astrophys. J. **133**, 1049 (1961); S. Lundquist, Phys. Rev. **83**, 307 (1951).

[16] T. Cowling, vgl. [1], S. 90; Roberts, vgl. [1], S. 65ff.; Landau, Lifschitz, Elektrodynamik der Kontinua, Akademie Verlag, Berlin, S. 275.

[17] R. Lüst, A. Schlüter, Z. f. Astrophysik **38**, 190 (1955); vgl. auch T. Zeuli, Acad. Lincei, Rend, Sc. fix. mat. XLII, 561 (1969) (Poincare Theorem für rotierende Plasmakugel).

[18] z. B. R. Sauer, Theoretische Einführung in die Gasdynamik, Springer, Berlin.

[19] F. Cap, vgl. [8].

[20] Sutton, vgl. [1], S. 363; Kalikhman, vgl. [32], S. 244.

[21] Sutton, vgl. [1], S. 349; Jeffrey, vgl. [1], S. 99.

[22] Sutton, vgl. [1], S. 370; Kalikhman, vgl. [59], S. 240; S. 250.

[23] Sutton, vgl. [1], S. 374—387.

[24] Sutton, vgl. [1], S. 381; R. Levy, Phys. Fluids, **5**, 1416 (1962); F. Ehlers, ARS J. 31, 334 (1961).

[25] J. Shercliff, Proc. Cambr. Phil. Soc. **49**, 136 (1953); I. Tani, J. Aerospace Sci. **29**, 187 (1962); E. Resler, W. Sears, J. Aeron. Sci., **25**, 235 (1958); Sutton, vgl. [1], S. 389.

[26] Roberts, vgl. [1], S. 184.

[27] D. Samaras, Theory of Ion Flow Dynamics, Prentice-Hall, Englewood Cliffs, N.Y., 1962, S. 400; Sutton, vgl. [1], S. 390.

[28] A. B. Cambel, Plasma Physics and Magnetofluidmechanics, McGraw Hill, New York, 1963, S. 270.

[29] Cambell, vgl. [28], S. 275; Samaras, vgl. [27], S. 401.

[30] J. Shercliff, vgl. [25]; Cambell, vgl. [28], S. 257; Deutsch, vgl. [5], S. 287; W. Hughes, F. Young, The Electromagnetodynamics of Fluids, Wiley, New York, 1966, S. 167—188.

[31] Jeffrey, vgl. [1], S. 93; Samaras, vgl. [27], S. 418—420; Deutsch, vgl. [5], S. 286; Hughes, vgl. [30], S. 241—247; Kalikhman, vgl. [32], S. 235.

[32] S. Regirer, Flow of a Conducting Liquid in Pipes of Arbitrary Cross Section in a Magnetic Field, Prikladnaya matematika i mekhanika **24**, Nr. 3 (1960); A. Kulikovskiy, G. Lyubimov, Magnetohydrodynamics, Addison-Wesley, Reading, Mass., 1965; Hughes, vgl. [30], S. 195—241; 360 bis 447 (instationäre Strömungen); L. Kalikhman, Elements of Magnetogasdynamics, Saunders, Philadelphia, 1967, S. 225; S. 281 (instationär); vgl. auch die Literaturübersicht über inkompressible (und kompressible) MHD-Kanalströmungen (mit und ohne Wärmeübergang in die Kanalwand) in F. Cap, D. Floriani, P. Fritzer, F. Wörndle, Wärmeübergang und Wärmeisolationsverluste bei Plasmaströmungen in MHD-Generatoren, Erster Halbjahresbericht 1969/70, Forschungsprojekt 1738 des Österreichischen Forschungsfonds für die gewerbliche Wirtschaft, Bericht UNICP-HGB-70, Institut für Theoretische Physik der Universität Innsbruck.

[33] H. Bresgen, F. Cap, Acta Phys. Austriaca, **27**, 248—254 (1968), **28**, 65—84 (1968), s. dort weitere Literatur.

[34] Hughes, vgl. [30], S. 188—297 (viele praktische Anwendungen).

[35] Pai, vgl. [2], S. 56; Jeffrey, vgl. [1], S. 98; Kulikovskiy, vgl. [32], S. 50; Sutton, vgl. [1], S. 351; T. Boyd, J. Sanderson, Plasma Dynamics, Nelson, London 1969, S. 99; Samaras, vgl. [27], S. 410; Cambell, vgl. [28], S. 268; W. Kunkel, Plasma Physics in Theory and Application, McGraw Hill, New York, 1966, S. 217.

[36] Z. Bleviss, J. Aerospace Sci. **25**, 601 (1958); Sutton, vgl. [1], S. 356.

[37] Sutton, vgl. [1], S. 361; Hughes, vgl. [30], S. 360ff., 428ff.

[38] van Kampen, vgl. [14], S. 40—45; Jeffrey, vgl. [1], S. 78; Boyd, vgl. [35], S. 103; Gourdine, vgl. [42], S. 19.

[39] van Kampen, vgl. [14], S. 40; Jeffrey, vgl. [1], S. 83.

[40] van Kampen, vgl. [14], S. 55; Jeffrey, vgl. [1], S. 49.

[41] Roberts, vgl. [1], S. 126; Ferraro, vgl. [11], S. 70.

[42] FERRARO, vgl. [11], S. 65; N. JEN, S. 25, in A. CAMBEL, T. ANDERSON, M. SLAWSKY, Magnetohydrodynamics, Northwestern University Press, Evanston, 1962; COWLING, vgl. [1], S. 39; DEUTSCH, vgl. [52], S. 121. MHD-Wellen in der Magnetosphäre der Erde behandelt HUTQUIST, Space Sciences Rev. **5**, 599 (1966).

[43] FERRARO, vgl. [11], S. 66; H. ALFVÉN, C. FÄLTHAMMER, Cosmical Electrodynamics, Clarendon Press, Oxford, 1963, S. 85; DEUTSCH, vgl. [52], S. 151.

[44] HUGHES, vgl. [30]; W. NEWCOMB, The Hydromagnetic Wave Guide, S. 109 in LANDSHOFF, vgl. [70], S. 109.

[45] PAI, vgl. [2], S. 122.

[46] DEUTSCH, vgl. [5], S. 257; S. 171.

[47] BOYD, vgl. [35], S. 189; div. Autoren, Rev. Mod. Phys. **32**, 866, 848 (1960).

[48] CAMBELL, vgl. [28], S. 240; HUGHES, vgl. [30], 299ff.; 321ff.; 331ff.; 583ff. (Wellenleiter); R. LÜST, vgl. [52], S. 524; SUTTON, vgl. [1], S. 315; PAI, vgl. [2], S. 121; BOYD, vgl. [35], S. 195 (Landau-Dämpfung).

[49] S. PAI, vgl. [3].

[50] I. ACHIESER, R. POLOVIN, J. Eksp. teor. Fiz. **36**, 1845 (1959), s. Sov. Phys. JETP **36**, 1316 (1959); K. STANJUKOWITSCH, J. Eksp. teor. Fiz. **36**, 1782 (1959), s. Sov. Phys. JETP **36**, 1271 (1959).

[51] M. LIGHTHILL, Phil. Trans. Roy. Soc. London (A), **252**, 397 bis 430 (1960); H. KAUTZLEBEN, Betrachtungen zur hydromagnetischen Theorie des Plasmas. Hydromagnetische Wellen, Akademie-Verlag, Berlin, 1958.

[52] R. LÜST, Über die Ausbreitung von Wellen in einem Plasma, Fortschritte der Physik, **7**, 503—558 (1959); R. DEUTSCH, Unde Magnetohidrodinamice, Editura Acad. Rep. Soc. România, Bucuresti, 1969; D. FRANK-KAMENEZKI, Vorlesungen über Plasmaphysik, VEB Deutscher Verlag der Wissenschaften, Berlin 1967, S. 137; BOYD, vgl. [35], S. 184.

[53] R. SAUER, Anfangswertprobleme bei partiellen Differentialgleichungen, Springer, Berlin, 1952; JEFFREY-TANIUTI, vgl. [73]; W. AMES, Nonlinear Partial Differential Equations in Engineering, Academic Press, New York, 1965.

[54] JEFFREY-TANIUTI, vgl. [73]; JEFFREY, vgl. [1], S. 126; A. JEFFREY, T. TANIUTI, Non-linear Wave Propagation with Applications to Physics and Magnetohydrodynamics, Academic Press, New York, 1964; H. GRAD in D. BERSHADER,

The Magnetodynamics of Conducting Fluids, Stanford, University Press, Stanford, 1959, S. 37; H. GRAD, Rev. Mod. Phys. **32**, 830 (1960); H. SAUERWEIN, The Method of Characteristics for the Three-Dimensional Unsteady Magnetofluid Dynamics of a Multi-Component Medium, J. Fluid Mech. **25**, 17–41 (1966); KULIKOVSKIY, vgl. [32], S. 64ff.; H. FRIEDEL, F. CAP, Magnetogasdynamic Waves of Small Amplitude, Scientific Report 12, Juli 1964, Universität Innsbruck.

[55] R. SAUER, vgl. [18]; K. OSWATITSCH, Gasdynamik, Springer, Wien, 1952; H. SAUERWEIN, vgl. [54]; N. COBURN, C. DOLPH, Proc. Symp. Appl. Math. **1**, 55 (1949); D. BUTLER, Proc. Roy. Soc. A **255**, 232 (1960); C. THORNHILL, ARCR and M, Nr. 2615; R. SAUER, Z. ang. Math. Mech. **30**, 347 (1950); F. CAP, F. HERRNEGGER, Numerical Methods in Gasdynamics and MGD, Scientific Report 18, Dezember 1964, Universität Innsbruck.

[56] PAI, vgl. [2], S. 110; F. CAP, F. HERRNEGGER, Characteristics for a Plasma of Finite Electrical Conductivity, Scientific Report 22, Dezember 1964, Universität Innsbruck.

[57] Scientific Reports 28, 30, 24, 22, 23, 33, 32, Institut für Theoretische Physik, Universität Innsbruck.

[58] H. FRIEDEL, MHD Characteristics and Dispersion Relations for Finite Electrical Conductivity, Scientific Report 23, März 1965, Universität Innsbruck; PAI, vgl. [2], S. 110.

[59] F. CAP, Potential Flow in Magnetogasdynamics, Annalen der Physik, (7) **11**, 197–200 (1963); CAP, vgl. [8]; GRAD, vgl. [54], S. 835; BOYD, vgl. [35], S. 104; L. KALIKHMAN, vgl. [32]; CAMBEL, vgl. [28], S. 260; SAMARAS, vgl. [27], S. 421; J. DRUMMOND, Plasma Physics, McGraw HILL, New York, 1961, S. 181.

[60] F. CAP, LEGENDRE-Transformations and Characteristics of the MGD Potential Equation, Plasma Physics, **7**, 69–77 (1965); F. CAP, H. FRIEDEL, Magnetogasdynamic Flow Patterns, Journal of Appl. Math. Phys. (ZAMP) **17**, 183 bis 188 (1966); M. MITCHNER, S. 61, 81, in D. BERSHADER, The Magnetodynamics of Conducting, Fluids, Stanford University Press, Stanford, 1959.

[61] F. CAP, G. MÜLLER, J. Appl. Math. Phys. (ZAMP), **18**, 672 bis 682 (1967); Rev. Mod. Phys. **32**, 701, 855 (1960).

[62] SAMARAS, vgl. [27], S. 424; KALIKHMAN, vgl. [32], S. 107; KULIKOVSKIY, vgl. [32], S. 180; A. KANTROWITZ in F. CLAU-

SER, Symposium of Plasma Dynamics, Addison Wesley Publish. Co., Reading, Mass., 1960, S. 221.

[63] GRAD, Rev. Mod. Phys. **32**, 836 (1960); POWER, WALKER, J. Appl. Math. Phys. (ZAMP) **15**, 164 (1964); PEYRET, Compt. Rendus, **250**, 1971–1973 (1960).

[64] HUGHES, vgl. [30], S. 553; JEFFREY, vgl. [1], S. 230; CAMBEL, vgl. [28], S. 243; KALIKHMAN, vgl. [32], S. 95; I. IMAI, Rev. Mod. Phys. **32**, 992 (1960).

[65] HUGHES, vgl. [30], S. 564–568; KALIKHMAN, vgl. [32], S. 116–126; KULIKOVSKIY, vgl. [32], S. 134; GUNDERSEN, vgl. [66]; W. SEARS, E. RESLER, J. Fluid Mechanics, **5**, 257–273 (1959); E. RESLER, J. MCCUNE, in D. BERSHADER, The Magnetodynamics of Conducting Fluids, Stanford University Press, Stanford, 1959; C. CHU, Phys. Fluids **5**, 550 (1962); **7**, 707 (1964); PAI, vgl. [2], S. 142; GRAD, Rev. Mod. Phys. **32**, 839 (1960); IMAI, vgl. [64].

[66] SUTTON, vgl. [1], S. 406; R. GUNDERSEN, Linearized Analysis of One-Dimensional Magnetohydrodynamic Flows, Springer, Berlin, 1964.

[67] W. WEIZEL, Lehrbuch der theoretischen Physik, Springer, Berlin, 1955, S. 309; SAUER, vgl. [18], S. 24; K. OSWATITSCH, Gasdynamik, Springer, Wien, 1952; E. BECKER, Gasdynamik, Teubner, Stuttgart, 1965, S. 169; F. FRANKL, E. KARPOVICH, Gas Dynamics of Thin Bodies, Interscience, London, 1953.

[68] R. LOUGHEAD, Phys. Rev. **99**, 1678 (1955); G. KERER, Comparison Between the Characteristics of LOUGHEAD's Equations With Those of the Onedimensional Unsteady Potential Equation, Scientific Report Nr. 5, August 1963, Universität Innsbruck; F. CAP, F. HERRNEGGER, One-Dimensional Unsteady MGH Potential Flow, Acta Phys. Austr. **21**, 298–304 (1966); F. HERRNEGGER, The One-Dimensional Unsteady MGD Flow as a Variational Problem, Scientific Report Nr. 32, 38, 40, Universität Innsbruck (Dez. 1966); KALIKHMAN, vgl. [59], S. 273; PAI, vgl. [2], S. 105; SAMARAS, vgl. [27], S. 43.

[69] vgl. die Lehrbücher über Gasdynamik [67]; oder WEIZEL, vgl. [67].

[70] JEFFREY, vgl. [1], S. 175; KULIKOVSKY, vgl. [32], S. 108; J. BURGERS, Penetration of a MHD Shock into a Magnetic Field, S. 36 in LANDSHOFF, Magnetohydrodynamics, Stanford University Press, Stanford 1957, s. S. 74, 92, 99, 101;

K. DOLDER, Rev. Mod. Phys. **32**, 770 (1960); POLOVIN, vgl. [73], S. 539; PAI, vgl. [2], S. 136; KUNKEL, vgl. [35], S. 223.

[71] F. HERRNEGGER, The Magnetic Laval Nozzle (Literaturübersicht), Scientific Report Nr. 34, Mai 1966, Universität Innsbruck; F. CAP, G. KERER, Interaction Between Magnetic Field and Flow Field, Scientific Report Nr. 17, Oktober 1964, Universität Innsbruck.

[72] C. CHU, R. GROSS, Shock Waves in Plasma Physics, Advances in Plasma Physics **2**, Interscience, New York, 1969, S. 139; Progress in Nucleon Energy, Ser. XI, Plasma Physics and Thermonuclear Research **1**, Pergamon Press, 1959, S. 223–247; F. DE HOFFMANN, E. TELLER, Phys. Rev. **80**, 692 (1950); K. FRIEDRICHS, H. KRANZER, Nonlinear Wave Motion in MHD, Report NYO-6486, New York University, 1958; J. ANDERSON, Magnetohydrodynamic Shock Waves, MIT Press, Cambridge, Mass., 1963; A. SAKURAI, S. 142, in IMAI, vgl. [86]; R. LÜST, Z. Naturforschung **8a**, 277 (1953); Rev. Mod. Phys. **32**, 706 (1960); J. BAZER, W. ERICSON, Astrophys. J. **129**, 758 (1959); Phys. Fluids **3**, 631 (1960); J. SHERCLIFF, J. Fluid Mech. **9**, 481 (1960); HUGHES, vgl. [30], S. 450; FERRARO, vgl. [11], S. 85; KALIKHMAN, vgl. [59], S. 127; SUTTON, vgl. [1], S. 318; JEFFREY, vgl. [1], S. 195; L. LANDAU, E. LIFSHITZ, Electrodynamics of Continuous Media, Pergamon, New York, 1960; PAI, vgl. [2], S. 130.

[73] H. POLOVIN, Fortschritte d. Physik **9**, 526–547 (1961); KULIKOVSKY, vgl. [35], S. 90; JEFFREY, vgl. [1], S. 237; ANDERSON, vgl. [72], S. 30–84; A. JEFFREY, T. TANIUTI, vgl. [54], S. 122, 256, 317; vgl. auch [90].

[74] CHU, vgl. [72], S. 157; SAMARAS, vgl. [27], S. 486.

[75] CHU, vgl. [72], S. 151, 187; PAI, vgl. [2], S. 133, SAMARAS, vgl. [27], S. 476.

[76] G. WHITHAM, Proc. Roy. Soc. A **203**, 571 (1950); G. TAYLOR, Proc. Roy. Soc. A **201**, 159, 175 (1950); J. LINHART, Plasma Physics, EURATOM, Brüssel, 1969 (3. Aufl.); F. CAP, Z. f. Flugwissenschaften **18**, 98 (1970); A. SAKURAI, Blast Wave Theory in Basic Developments in Fluid Dynamics, **1**, Academic Press, New York, 1965, Report AD-276932, Office of Technical Services, USA; SAMARAS, vgl. [27], S. 474.

[77] CHU, vgl. [72], S. 188; SAMARAS, vgl. [27], S. 471, 482; P. KOCH, R. GROSS, Effect of Radiation on Post Shock State, Vorabdruck Columbia University, New York, 1970.

[78] CHU, vgl. [72], S. 171; R. GROSS, Survey on Ionizing Shock Waves, Rev. Mod. Phys. **37**, 724 (1965); W. THOMPSON, An Introduction to Plasma Physics, Pergamon Press, New York, 1962, S. 21; R. GROSS in D. BERSHADER, Plasma Hydromagnetics, Stanford University Press, Stanford, 1962, S. 58; C. CHU, Report Nr. 7, Columbia University, Jan. 1964, Plasma Laboratory; A. KULIKOVSKII, G. LYUBIMOV, Rev. Mod. Phys. **32**, 977 (1960).

[79] CHU, vgl. [72], S. 193; HOFFMANN, vgl. [72]; SAMARAS, vgl. [27], S. 472.

[80] KANTROWITZ et al., Rev. Mod. Phys. **32**, 959 (1960); CHU, vgl. [72], S. 161; H. PETSCHEK, S. 567 in Triest Symposium, vgl. [107]; BOYD, vgl. [35], S. 130; KUNKEL, vgl. [35], S. 193; R. PATRICH in BERSHADER, Plasma Hydromagnetics, Stanford University Press, Stanford, 1962, S. 97; H. BERGOLD, Bericht IPP/6/22 (1964), Garching.

[81] A. JEFFREY, V. KOROBEINIKOV, J. Appl. Math. Phys. (ZAMP) **20**, 440–447 (1969).

[82] KALIKHMAN, vgl. [59], S. 49, 54, 58; SUTTON, vgl. [1], S. 389 bis 413; KULIKOVSKY, vgl. [32], S. 154–161; HUGHES, vgl. [30], S. 477; CAMBEL, vgl. [42], S. 361; J. SHERCLIFF, Rev. Mod. Phys. **32**, 980 (1960); RESLER und SEARS, J. Aeron. Sci., **25**, 235 (1958); L. HARRIS, Hydromagnetic Channel Flows, Wiley, New York, 1960; B. SONNERUP in BERSHADER, Plasma Hydromagnetics, Stanford University Press, Stanford, 1962, S. 124 (viskos quasieindimensional); KUSUKAWA, vgl. [86], s. IMAI [86].

[83] B. LEHNERT, Ark. f. Fys. **5**, 69 (1952); F. CAP, F. HERRNEGGER, vgl. [56]; H. FRIEDEL, vgl. [58]; H. FRIEDEL, MHD of a Plasma With Finite Electrical Conductivity, Scientific Report 24, März 1965, Universität Innsbruck.

[84] K. LACKNER, MGD Flow of Small Magnetic REYNOLDS Number, Scientific Reports 25, 27, 31, (1965), Universität Innsbruck; K. LACKNER, Zweidimensionale magnetogasdynamische Strömungen kleiner magnetischer REYNOLDS-Zahl, Dissertation, Universität Innsbruck, 1966 (enthält Computerprogramm); K. LACKNER, J. Appl. Math. Phys. (ZAMP) **19**, 844 (1968); A. OPPENHEIM, J. ROSCISZEWSKI, Ph. Fluids **6**, 689 (1963); D. DRYBURGH, AGARDograph **84**, 109 (1964) (NATO-AGARD, Rhode-St. Genese); PAI, vgl. [2], S. 110; K. LACKNER et al., Proceed. First European Conference on Controlled Fusion and Plasma Physics, München,

Oktober 1966; K. Lackner et al., Proceed. 17th International Astronautical Congress, 3, 261–271 (1967), Dunod, Paris; Hughes, vgl. [30], S. 531, 545.

[85] F. Cap, G. Kerer, Approximative Solution of the MGD Equations for Finite Electrical Conductivity, Scientific Report Nr. 4, Juli 1963, Universität Innsbruck; F. Cap, H. Falser, Effect of High Electrical Conductivity in Two-Dimensional Plasma Flows, J. Appl. Math. Phys. (ZAMP) 20, 947–956 (1969); H. Falser, Untersuchungen über ebene Parallelströmung eines Plasmas hoher elektrischer Leitfähigkeit, Dissertation, Universität Innsbruck, 1967; Pai, vgl. [2], S. 65; Kalikhman, vgl. [32], S. 232; Patrick et al, Supersonic Twodimensional MHD Flow, S. 90 in D. Bershader, The Magnetodynamics of Conducting Fluids, Stanford University Press, Stanford, 1959.

[86] E. Resler, J. McCune, Electromagnetic Interaction with Aerodynamic Flows, S. 120 in Bershader, vgl. [85]; W. Sears, E. Resler, Airfoils in Fluids of High Electrical Conductivity, J. Fluid Mech. 5, 257 (1957); E. Resler, J. McCune, Rev. Mod. Phys. 32, 848 (1960); Kalikhman, vgl. [59], S. 114; Hughes, vgl. [30], S. 562; Kusukawa, S. 309 in [42]; Deutsch, vgl. [5], S. 306; R. Hide et al., Rev. Mod. Phys. 32, 799 (1960); G. Ludford, Rev. Mod. Phys. 32, 1000 (1960); Kulikovsky, vgl. [32], S. 184; I. Imai et al., Magneto Fluid Dynamics, Suppl. Progr. Theor. Phys. Nr. 24 (1962).

[87] H. Friedel, MHD of a Plasma With Finite Eleczrical Conductivity, Scientific Report Nr. 24, vgl. [83] und Reports Nr. 28 (Numerical Method for Solving the One-Dimensional Unsteady MGD Equations for Finite Magnetic Reynolds Number), Nr. 30 (Discontinuities in Non-Ideal MHD), Nr. 33 (Numerical Treatment of Non-Ideal MGD Equations), Nr. 41 (Travelling Wave Accelerator); H. Friedel, Lösung der MGD Gleichungen für beliebige magnetische Reynolds-Zahlen, Dissertation 1966, Universität Innsbruck; H. Friedel, J. Appl. Math. Phys. (ZAMP) 18, 85–92 (1967); H. Friedel, J. Math. Phys. 8, 2234 (1967); Hartree-Verfahren (1958), s. F. Fox, Numerical Solution of Ordinary and Partial Differential Equations, Pergamon Press, New York, 1963; F. Cap, Acta Phys. Austriaca 2, 224 (1948); R. Germay, Soc Roy. Sc. Liege, Mem. (3) 12, Nr. 14 (1924); H. Knapp, Dissertation Universität Innsbruck; F. Cap,

N. Rimer, Scientific Report 52, Universität Innsbruck, 1967; F. Cap, Z. f. Flugwissenschaften **18**, 98 (1970).

[88] K. Bechert, Ann. d. Phys. **37**, 89 (1940); **38**, 1 (1940); **39**, 357 (1941); **39**, 169 (1941); **40**, 207 (1941); I. Steinacker, Eindimensionale instationäre MGD Lösung mit Reibung, Wärmeleitung und elektrischer Leitfähigkeit nach der Methode der Ähnlichkeitstransformation von Bechert, Dissertation 1963, Universität Innsbruck.

[89] H. Friedel, Report Nr. 30, vgl. [87]; J. Math. Phys. 8, 2234 (1967).

[90] P. Lax, Comm. Pure Appl. Math. **10**, 537 (1957); **7**, 159 (1954); **11**, 175 (1958); **6**, 231 (1953); **9**, 267 (1956); **13**, 217 (1960); Jeffrey-Taniuti, vgl. [73], S. 119, 124, 189, 293, 258; vgl. auch [73]; K. Friedrichs, General Theory of High Speed Aerodynamics, Oxford University Press, London, 1955, S. 33.

[91] H. Friedel, J. Appl. Math. Phys. (ZAMP) **18**, 85 (1967); A. Schlüter et al, Z. f. Naturforschung, **13a**, 916 (1958); D. Turcotte, J. Appl. Math. Phys. (ZAMP) **17**, 528–537 (1966); Pai, vgl. [2], S. 103; D. Pfirsch, Weak Turbulent Shocks, Report LPS 33, November 1969, Cornell University; Kulikovskiy, vgl. [32], S. 161–207; Anderson, vgl. [72], S. 111–210; Boyd, vgl. [35], S. 125; Hughes, vgl. [30], S. 473; P. Germain, Rev. Mod. Phys. **32**, 951 (1960); Samaras, vgl. [27], S. 468; Ferraro, vgl. [11], S. 94; Kunkel, vgl. [35], S. 187.

[92] Kunkel, vgl. [35], S. 214; R. Meyer, S. 80 in Cambell-Fenn, vgl. [97].

[93] H. Grönig, G. Linke, S. 184 in Schultz-Grunow, vgl. [98].

[94] Pai, vgl. [2].

[95] H. Friedel, J. Appl. Math. Phys. (ZAMP) **20**, 329–342 (1969).

[96] W. Ames, vgl. [53]; F. Cap, D. Floriani, Similarity Transformations im MGD, Scientific Report Nr. 53, März 1968, Universität Innsbruck; F. Cap et al., Theoretische Probleme bei der technischen Realisierung der magnetohydrodynamischen Stromerzeugung, Jahresbericht 1967, Österr. Bundesministerium für Handel, Gewerbe und Industrie.

[97] Sutton, vgl. [1], S. 415, 422; Roberts, vgl. [1], S. 144–170; Pai, vgl. [2], S. 65–71; Kalikhman, vgl. [59], S. 175–223, 288 (Rayleigh-Problem); Hughes, vgl. [30], S. 399–449, 569–582; Samaras, vgl. [27], S. 500–519; J. Fay, Plasma

Boundary Layers, S. 337 in [42]; W. SEARS, S. 51 in A. CAMBELL, J. FENN, Dynamics of Conducting Gases, Northwestern University Press, Evanston, Ill., 1960; G. JUNGCLAUS, Rev. Mod. Phys. **32**, 823 (1960); H. HASIMOTO, Rev. Mod. Phys. **32**, 860 (1960); P. LYKOUDIS, J. SCHMITT, Unsteady Compressible Magnetic Laminar Boundary Layers in Hypersonic Flow; K. MÜLLER, P. WAHLE, Z. f. Naturforschung **25a**, 525 (1970); Proceedings X IAF Congress 1959; IMAI, vgl. [86], S. 35.

[98] KALIKHMAN, vgl. [59], S. 146–174, 203–225; G. WORTBERG, S. 141 in SCHULTZ-GRUNOW, Elektro- und Magnetohydrodynamik, Bibliographisches Institut, Mannheim, 1968.

[99] KALIKHMAN, vgl. [59], S. 263–271; F. CAP, D. FLORIANI, Viscous MGD Channel Flow in Boundary Layer Approximation with Heat Conduction, Nuclear Fusion **8**, 360–362 (1968); F. CAP, D. FLORIANI, Analytische Lösungen von Kanalströmungen in der Plasmaphysik, Jahresbericht 1. 4. 1968–31. 3. 1969 und Halbjahresbericht, Forschungsprojekt 564 des österr. Fonds zur Förderung der wissenschaftlichen Forschung, Wien; F. CAP, D. FLORIANI, P. KAPS, Anwendung von Ähnlichkeitstransformationen auf MGD-Kanalströmungen unter Berücksichtigung von Viskosität und Wärmeleitung, Elektrotechnik und Maschinenbau, **86**, 512–516 (1969); F. CAP et al., Untersuchungen zur Verbesserung des Wirkungsgrades von MHD-Generatoren (enthält Computerprogramme), Jahresbericht 1968/1969, Projekt 189, österr. Fonds zur Förderung der gewerblichen Forschung, Wien; CAP-FLORIANI-FRITZER-WÖRNDLE-LENGYEL, Innsbruck-Garching-Projekt über numerische Integration des partiellen Differentialgleichungen, Herbst 1970 (in Arbeit) (variable Leitfähigkeit, kompressibles viskoses thermisch leitendes Plasma).

[100] W. GRÖBNER, H. KNAPP, Contributions to the Method of Lie Series, B. I. Hochschulskripten, Nr. 802, Mannheim, 1967; F. CAP, J. WEIL, Lie Series in Atomic Physics, Atomic Energy Review **8**, 621–692 (1970).

[101] WILCOX, S. 277, FAY, S. 337 in CAMBEL, vgl. [42]; F. CAP et al., Wärmeübergang und Wärmeisolationsverluste bei Plasmaströmungen (mit Literaturübersicht und numerischen Integrationsmethoden), Halbjahresbericht 1969/70, April 1970, Forschungsprojekt 1738 des österreichischen Fonds zur Förderung der gewerblichen Forschung; B. SONNERUP,

S. 124 in BERSHADER, vgl. [82]; U. HWANG, AIAA Journal 5, 2113 (1967); CHEKMAREV, Priklad. Mat. Mekh. **26**, 789 (1962); E. ECKERT, Plasma Heat Transfer, ASME Paper Nr. 68-HT-38; WÖRNDLE, Wärmeübergang und viskose Strömung im Zweitemperaturplasma (in Arbeit, Herbst 1970, Universität Innsbruck); A. FORTIER, Transfer Problems in Turbulent Flows, Ann. New York Acad. Sci. **154**, 704 (1968); S. KURDJUMOV et al., Effekt der T-Schicht in der MGD (russisch), Institutsbericht 1969, Institut Prikladnoj Matematiki der Akademie in Moskau.

[102] W. CRIMINALE, Stability of Parallel Flows, Academic Press, New York 1967; KALIKHMAN, vgl. [59], S. 299; S. CHANDRASEKHAR, Hydrodynamic and Hydromagnetic Stability, Clarendon Press, Oxford, 1961; ROBERTS, vgl. [1], S. 151; LIN, Proc. Roy. Soc. London A **233**, 116 (1955); PAI, vgl. [2], S. 73; W. REID, S. 269 in CAMBELL-SLAWSKY, vgl. [42]; DEUTSCH, vgl. [5], S. 359; E. JAGER, Stability of Hydromagnetic POISEUILLE Flow, Scientific Report Nr. 72, September 1970, Universität Innsbruck.

[103] M. VAN DYCK, Perturbation Methods in Fluid Mechanics, Academic Press, New York, 1964; CRIMINALE, vgl. [102], S. 74, 203; ROBERTS, vgl. [1], S. 157.

[104] HUGHES, vgl. [30], S. 516; CHANDRASEKHAR, vgl. [102]; ROBERTS, vgl. [1], S. 16, 196; THOMPSON, vgl. [78], S. 129; A. NAKAGAWA, Rev. Mod. Phys. **32**, 916 (1960); IMAI, vgl. [86], S. 157; PAI, vgl. [2], S. 83; COWLING, vgl. [1], S. 65; F. HERRNEGGER, Local Potential and Nonlinear Stability in Magnetohydrodynamics, Scientific Report No. 64, Universität Innsbruck, und Proceedings IV European Conference on Controlled Fusion, Frascati 1970.

[105] G. JOOS, Lehrbuch der Theoretischen Physik, Akademische Verlagsgesellschaft, Leipzig; L. LANDAU, L. LIFSCHITZ, Lehrbuch der theoretischen Physik, Band I, Mechanik, Vieweg 1969; N. FORBAT, Analytische Mechanik der Schwingungen, Deutscher Verlag der Wissenschaften, Berlin 1966.

[106] GEBELEIN, Turbulenz, physikalische Statistik, und Hydrodynamik, Springer, Berlin, 1935; J. HINZE, Turbulence, McGraw Hill, New York, 1959; G. BATCHELOR, The Theory of Homogeneous Turbulence, Cambridge University Press, 1967; P. PLASCHKO, Literaturbericht RT Nr. 54, Stand der Kenntnisse der Turbulenztheorie, April 1967, Wien, Institut für Reaktortechnik; C. LIN, The Theory of Hydro-

dynamics Stability, Cambridge University Press, 1956; R. KRAICHNAN, S. 239 in Dynamics of Fluids and Plasmas, Editor S. PAI, Academic Press, New York, 1966; J. KELLER, Survey on the Theory of Turbulence, S. 257 in Contemporary Physics, Trieste Symposium 1968, Band 1, Internationale Atomenergie Organisation, Wien; B. KADOMTSEV, D. KOSTOMAROV, Twodimensional Turbulent Layer in an Ideal Fluid, Report C/70/121, International Centre Triest, 1970; V. TATARSKI, Wave Propagation in a Turbulent Medium, Dover Publications, New York, 1967.

[107] PAI, vgl. [2], S. 90; FERRARO, vgl. [11], S. 81; SAMARAS, vgl. [27], S. 519; CHNADRASEKHAR, Annals of Physics, 2, 615 (1957); und Proc. Roy. Soc. London A **233**, 322 (1955); Turbulence of Fluids and Plasmas, Proceedings of the Symposium, Polytechnic Press, Brooklyn, N.Y., 1968, insbes. S. 359; S. EDWARDS, S. 595 in Plasma Physics, Trieste Seminar 1964, International Atomic Energy Agency, Wien, 1965; W. MURGATROYD, Phil. Mag. **44**, 1348 (1953); L. HARRIS, Hydromagnetic Channel Flows, J. Wiley, New York, 1960; F. CAP et al., Driftinstabilität und Plasmaturbulenz, Bericht UNICP-HWB69 und UNICP-JWB70, 30. 9. 1969 und 31. 3. 1970, Universität Innsbruck, 2 Berichte zu Forschungsprojekt 600 des österr. Forschungsrates; C. NAPOLITANO, Rev. Mod. Phys. **32**, 785 (1960); P. LYKOUDIS, Rev. Mod. Phys. **32**, 796 (1960); T. TATSUMI, Rev. Mod. Phys. **32**, 807 (1960); L. KOVASZNAY, Rev. Mod. Phys. **32**, 815 (1960), F. CHEN, Phys. Rev. Letters, **15**, 381 (1965).

[108] VEDENOV, vgl. [109]; Kapitel Turbulent Heating, S. 679ff. in Band 2, Plasma Physics and Controlled Nuclear Fusion Research, Conference Proceedings, Novosibirsk 1968, International Atomic Energy Agency, Wien 1969; Kapitel Plasma Heating, S. 781ff., in Band 2, Plasma Physics and Controlled Nuclear Fusion Research, Conference Proceedings, Culham, 1965 International Atomic Energy Agency, Wien 1966.

[109] W. DRUMMOND, S. 527 in Triest Seminar, vgl. [107]; A. VEDENOV, Theory of Turbulent Plasma, Isreal Program fro Scientific Translations, Jerusalem 1966; W. DRUMMOND, D. PINES, Nuclear Fusion Suppl. (1962), S. 1049; A. VEDENOV et al., Nuclear Fusion Suppl. (1962), S. 465; M. LIVSHITS, V. TSYTOVICH, Nuclear Fusion **10**, 241 (1970);

A. Vedenov, S. 229 in M. Leontovich, Reviews of Plasma Physics, Band 3, Consullants Bureau; New York, 1967; B. Kadomtsev, Plasma Turbulence, Academic Press, New York, 1965; H. Lashinsky, Mathematical Models for Nonlinear Mode Interactions in Bounded Plasmas, in M. Feix, G. Kalman, Nonlinear Effects in Plasmas, Gordon and Breach, New York, 1969; R. Sagdeev, A. Galeev, Nonlinear Plasma Theory, Benjamin, New York, 1969; J. Weinstock, Phys. Fluids **11**, 1977 (1968); **12**, 1045 (1969); T. Dupree, Nonlinear Plasma Physics, S. 221 in Contemporary Physics, Trieste Symposium 1968, International Atomic Energy Agency, Wien, 1969; H. Gratzl, Solution of the Linear Portion of Dupree's Perturbation Theory for Plasma Turbulence, Garching Report IPP 6/65, März 1968; C. Dum, Anomalous Resistivity of a Turbulent Plasma, Report LPS-43, Juni 1970, Cornell University; M. Trunk, Elektrische Leitfähigkeit turbulenter Plasmazustände, Bericht 3-16, 1968, Institut für Plasmaforschung, Stuttgart.

[110] Sutton, vgl. [1], S. 363, 370; T. Brogan, The MHD Power Generator, Advances in Plasma Physics **1**, 227 (1968); R. Rosa, Magnetohydrodynamic Energy Conversion, McGraw Hill, New York, 1968; Coombe et al, Magnetohydrodynamic Generation of Electrical Power, Chapman-Hall, London, 1964; Proceedings of the International Symposia on Magnetohydrodynamic Electrical Power Generation, Newcastle upon Tyne, 1963, Paris 1964, Salzburg 1966, München 1971; Z. Celinski, F. Fischer, Twodimensional Analysis of MHD-Generators with Segmented Electrodes, Report IPP 3/26, Garching, 1965; F. Schultz-Grunow, Arbeit SM-74/72, Salzburg Symposium 1966; L. Lengyel, Resistance of MHD Generators, Report IPP 3/39, Garching; C. Surdo, Arbeit SM-74/22, Salzburg Symposium 1966; H. Bresgen et al., Hall Effect, Ion Slip, End Effects in Faraday Generators, Scientific Report Nr. 55, Universität Innsbruck, 1968; und Bresgen, vgl. [33]; Hughes, vgl. [30], S. 50–83; 428ff.; 477ff.; Cambell-Slawsky, vgl. [42]; Cambell-Fenn, vgl. [97]; Kunkel, vgl. [35], S. 352ff.; B. Karlovitz, D. Halasz, in Proceedings of the 3rd Symposium on Engineering Aspects of MHD, S. 187 (Elektro MGD Generator) etc.; F. Cap et al., Untersuchungen zur Verbesserung des Wirkungsgrades von MHD-Generatoren, Berichte UNICP-HGA68 und

UNICP-JGA69, Dez. 1968 und Juni 1969, Projekt 189 des Österr. Forschungsförderungsfonds der gewerblichen Wirtschaft, vgl. [99], vgl. [32]; MHD Electrical Power Generation, 1969 Status Report, ENEA-IAEA MHD Liaison Group, European Nuclear Energy Agency, Verlag der OECD, April 1969. P. FRITZER et al., Twodimensional MHD Flow, Paper III. 7. 1, 12. MHD Engineering Symposium 1972, Argonne, und Bericht VNICP · JGB 72, Innsbruck.

[111] G. AU, Elektrische Antriebe von Raumfahrzeugen, Braun, Karlsruhe, 1968; H. LOH, Jet Rocket, Nuclear, Ion and Electric Propulsion, Springer, Berlin, 1968; H. FRIEDEL, K. LACKNER, Magnetohydrodynamic Propulsion, Survey Report, SR29, Dezember 1965, Universität Innsbruck; HUGHES, vgl. [30], S. 483ff.; KUNKEL, vgl. [35], S. 380ff. (gute Übersicht); S. KASH, Plasma Acceleration, Stanford University Press, Stanford, 1960; KALIKHMAN, vgl. [59], S. 332, 348; CAMBELL, vgl. [97], S. 126, 168; CAMBELL-SLAWSKY, vgl. [42], S. 185, 255ff.; SUTTON, vgl. [1], S. 447; SAMARAS, Applications of Ion Flow Dynamics, Prentice Hall, 1962, S. 382—444; SCHULTZ-GRUNOW, vgl. [18], S. 114; H. WICHMANN, Elektromagnetische Beschleunigungssysteme für Windkanäle, 21. Internat. Astronaut. Kongreß, Konstanz, Oktober 1970.

[112] THOMPSON, vgl. [78], S. 75.

[113] ROSA, vgl. [110], S. 181.

[114] D. CHENG, Plasma Deflagration, Nuclear Fusion **10**, 305 (1970); Schneepflugtheorie s. Phys. Fluids **3**, 134 (1960); **8**, 366 (1965); **2**, 599 (1959); **12**, 9 (1969).

[115] Lichtbogen-Plasmaquelle, Bericht TS-48, Siemens AG, Juni 1970; F. BOCK, Der Entwicklungsstand der Plasmatechnik für den industriellen Einsatz, Fa. Messer Griesheim, Frankfurt (Sonderdruck); W. RIEDER, Plasma und Lichtbogen, Vieweg, Braunschweig, 1967. B. GROSS et al., Plasma Technology, Iliffe, London, 1968

[116] vgl. den Übersichtsvortrag, F. CAP, Neuere Arbeiten zur Plasmaphysik in Österreich, Fachberichte der deutschen und österreichischen Physikertagung, Salzburg 1969; HUGHES, vgl. [30], S. 582 (Plasmawellenleiter), ROSA, Plasma Diode (Thermionic Diode), in KUNKEL, vgl. [35], S. 348.

[117] C. du P. DONALDSON et al., 3rd Symposium on Engineering Aspects of MHD, S. 559, Gordon and Breach, New York,

1962; R. MEYER, 10. Internationaler Astronautischer Kongreß; C. CHU, R. GROSS, AIAA Journal **4**, 2209 (1966).
[118] LINHART, vgl. [76], S. 324; LINHART, Proc. High Energy Conf. CERN 1959, S. 139; Sympos. High Energy Accelerators, Cambridge, 1967.
[119] ARZIMOWITSCH, vgl. [12]; LINHART, vgl. [76], S. 298; KUNKEL, vgl. [35], S. 454; Conference on Fusion Reactor Technology, Culham, 1969; 6. Symposium on Fusion Technology, Aachen 1970.
[120] W. PESCHKA, Spaceflight — An Energy Problem, 21. Internationaler Astronautischer Kongreß, Konstanz 1970.
[121] F. CAP, Possible Production Mechanismus of Lunar Magnetic Fields, J. Geophys. Res., im Drnck, Sommer 1972.

Sachregister

Der Autor

- stellt, nach Darlegung der Grundgleichungen und ihrer Randbedingungen, die allgemeine Theorie der Magnetohydrodynamik vor

- behandelt ausführlich inkompressible Strömungen, Wellen und stationäre sowie instationäre Strömungen eines idealen oder realen kompressiblen Plasmas

- geht auf die Instabilität von Plasmaströmungen und deren Ursachen ein und bespricht die magnetohydrodynamische und die elektromagnetische Turbulenz

- weist auf die technischen Anwendungen (magnetohydrodynamische Stromerzeugung, Plasmabeschleuniger) hin.

WISSENSCHAFTLICHE TASCHENBÜCHER

FSC
www.fsc.org
MIX
Papier | Fördert gute Waldnutzung
FSC® C083411

Zeitfracht Medien GmbH
Ferdinand-Jühlke-Straße 7
99095 Erfurt, Deutschland
produktsicherheit@kolibri360.de